编程轻松学
ScratchJr

薛 莲 编著

梦堡文化 绘

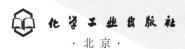

化学工业出版社

·北京·

内容简介

从学生的认知能力、思维能力提升的刚性需求出发，融合中国传统文化，结合有趣的漫画故事，引入编程思想，特出版系列图书：《编程初体验：思维启蒙》《编程轻松学：ScratchJr》《编程趣味学：Scratch3.0》和《编程创新应用：从创客到人工智能》。每本书内容自成体系，相对独立，之间又有内在联系，层次分明，内容形式新颖，能够激发学生的逻辑思维和创新思维，从而提升各学科的学习能力。

《编程轻松学：ScratchJr》共分为三章，从软件安装到23个编程技能的训练，再到游戏项目的搭建，全面细致地解读了ScratchJr的编程思想，让小读者可以在学习中培养逻辑思维、数学思维、空间思维，让小读者学有所学，学以致用。

本书适合4～6岁的小读者初步体验编程乐趣，激发他们对计算机、人工智能和编程的兴趣。

图书在版编目（CIP）数据

编程轻松学：ScratchJr / 薛莲编著；梦堡文化绘
. —北京：化学工业出版社，2023.12
  ISBN 978-7-122-44309-0

　Ⅰ.①编⋯　Ⅱ.①薛⋯　②梦⋯　Ⅲ.①程序设计－儿童读物　Ⅳ.①TP311.1-49

中国国家版本馆CIP数据核字（2023）第193195号

责任编辑：雷桐辉　周　红　曾　越　王清颢　　装帧设计：梧桐影
责任校对：杜杏然

出版发行：化学工业出版社
　　　　　（北京市东城区青年湖南街13号　邮政编码100011）
印　　装：北京宝隆世纪印刷有限公司
787mm×1092mm　1/16　印张7¾　字数116千字
2024年1月北京第1版第1次印刷

购书咨询：010-64518888　　　售后服务：010-64518899
网　　址：http://www.cip.com.cn
凡购买本书，如有缺损质量问题，本社销售中心负责调换。

定　　价：59.80元　　　　　　　版权所有　违者必究

写给同学们的一封信

哲学家康德有句名言："人为自然立法。"这句话的意思并非唯心地说人的意志主宰了自然，而是说人的理性智慧与自然形成"共振"，从而认识世界并掌握规律。人类对所掌握的规律进行排列组合，制造出各种生产工具和生活器具，最终对我们的生产生活产生巨大的影响。

我们对所掌握的规律进行排列组合从而达到某种目的的过程，其实就是"编程"。不论是炒菜做饭，还是操场上踢足球，其实都在大脑里发生着"编程"的过程：炒菜对应着开火、倒油、放菜、翻炒、放调料、出锅等环节和相应的时间、火候等；踢足球则对应着判断足球位置、跑动、摆腿、踢球等基本环节的排列组合。

今天，随着计算机技术的快速发展，我们可以利用编程让计算机控制各种执行机构帮助人们完成许多工作，特别是人工智能技术的突破使得机器人的能力大大提升，机器人将会在生产和生活中成为人类越来越重要的帮手。2017年7月，国务院发布的《新一代人工智能发展规划》明确提出"在中小学阶段设置人工智能相关课程，逐步推广编程教育，鼓励社会力量参与寓教于乐的编程教学软件、游戏的开发和推广"。掌握机器人的基础知识和编程的基本技能也成为当代青少年必要的素养，人工智能与编程学习风潮也正在我国大地上形成火热局面。

如何有效有序地学习编程，打好人工智能学习之路的基础，需要好玩有趣，容易上手，知识点讲解有层次清晰的任务和教学导入、教学总结的课程指导书，本系列图书也就应运而生。在本系列图书里，你将了解到编程概念，用漫画故事的形式学习算法概念，之后使用图形化编程工具和Python学习编程基础，最后再通过漫画科普故事的方式了解人工智能应用原理。通过这些工具的学习，你可以循序渐进地了解和掌握编程知识与技能，然后就可以通过程序与硬件的配合体验到物理世界和软件世界的有趣交互。

希望你好好吸收本系列图书的知识营养，在学习过程中勤于思考，尽情发挥你的创意，将你的灵感通过编程付诸实践，然后和全世界的小伙伴们进行探索、分享、创作！

独乐乐，与人乐乐，孰乐？不若与人；与少乐乐，与众乐乐，孰乐？不若与众。你，准备好了吗？让我们一起来吧！

2019年十大科学传播人物　陈征
2023年8月北京寄语

目录

登场人物

姓名： 美美

年龄： 7岁

家里的"十万个为什么"，喜欢追着哥哥问各种问题，以前喜欢玩手机游戏，现在她更喜欢向哥哥学习如何自己编写游戏啦！

姓名： 聪聪

年龄： 12岁

编程小达人，机器人爱好者，喜欢编写各种程序控制他的智能机器人和无人机，参加过很多比赛。

姓名： 旺旺

年龄： 1岁

喜欢骨头，喜欢玩耍，喜欢看美美和聪聪在玩什么，要跟着一起玩！

第一章
萌娃也能学ScratchJr

宝贝们，听说大家都是信息时代的原住民，小手点啊点，平板玩儿得比爸爸妈妈都熟练！此刻，如果"程序"会说话，它一定会蹦出来大喊："宝贝们，在别人打造的游戏世界里玩了这么久，你有没有想过自己创造一个奇幻世界呢？"

别担心，"程序"不是你们印象中"程序员"的专属品，我们给宝贝们带来的ScratchJr，是一款入门级的编程语言，它用可爱的图形化程序块，教宝贝们用搭积木的方法来打造自己的梦想！

你瞧，一只可爱的小猫Cat正在向你招手，原来它就是萌宠王国的代言人，接下来，将由它带你走进ScratchJr 🐱 的奇幻世界。

宝贝们，让我们整装待发，跟Cat一起，走进这个奇幻的虚拟世界吧！

ScratchJr比游戏还好玩

美美 哥哥，这个图标好可爱，它是什么呀？

聪聪 一只可爱的小猫在向你招手，它是"萌宠王国"的代言人哦，给你带来了一份小礼物——ScratchJr。这可是件好宝贝啊！有了它，你就能做"萌宠王国"的训练官啦！

美美 哇！我可以养一只"萌宠"吗？

聪聪 可以啊！只要你学会在浩瀚的互联网中找到它，并学着在自己的设备上安装这个软件，了解这个软件的界面，你就能获得开启王国的钥匙，走进ScratchJr，见到可爱的"萌宠"们啦！

美美 哇！我已经迫不及待想要看到"萌宠"了呢！可是，我还小，我能做好吗？

聪聪 放心！这个软件很简单，像搭积木一样就可以完成编程了，特别有意思！学会ScratchJr以后，你都不想玩那些无聊的手机游戏啦。好了，现在就开始训练我们的"萌宠"吧。

旺旺 我也要训练。

安装ScratchJr

 聪聪 要想走进"萌宠王国",首先得准备好一把钥匙——ScratchJr软件。ScratchJr软件是用平板电脑来操作的,那么,怎样才能让自己的平板电脑拥有这款神奇的软件呢?

苹果 iPad

小朋友,如果你使用的是苹果iPad,就可以在系统自带的应用商店App Store里面搜索ScratchJr并下载安装。

安卓系统平板电脑

小朋友,如果你使用的平板电脑不是苹果公司的产品,而是运行安卓系统的平板电脑,你可以通过网页搜索ScratchJr APK来完成程序的下载安装。

不确定自己的平板电脑运行的是什么系统?可以问问爸爸妈妈哦。

软件安装完成后,平板电脑上面就会出现这样的小图标。点击它,就可以开始我们的编程之旅啦!

第一次使用ScratchJr时,你会遇到下面这些提问。你只需要根据你的实际情况进行选择就可以了,选项不会影响你的使用,选择后就可以进入主界面了。

提问回答 ▶

Q:ScratchJr可以在台式电脑上面安装和使用吗?

A:如果想在台式电脑上运行平板电脑的相关App,你需要先在台式电脑上装一个平板电脑的模拟环境。

Q:手机上面可以安装ScratchJr吗?

A:可以的,下载方式与平板电脑一致。小朋友,建议你用大屏幕手机,更便于操作学习哦。

点击左侧小房子(Home键)就可以进入创作的空间了

图解操作主界面

⑤ 变更背景

可以从素材库中选择或者自己绘制一张图片作为舞台的背景。

④ 网格模式

可以显示或隐藏网格，网格能帮你更好地确定角色在舞台中的位置和移动的步伐哦。

③ 全屏模式

能将舞台放大到整个屏幕来展示。

② 保存

能帮你保存正在制作的项目，并返回到主界面。

① 舞台

这里是放置你挑选的角色和背景的场地，若想删除舞台上某个角色，可以一直点住这个角色不放，它的左上角就会出现删除的按钮哦。这种卡通形象就叫角色。

⑯ 角色

选择舞台中的角色，点击 ➕ 可添加新角色。如果想删除角色，点住角色，在它的左上角就会出现删除按钮哦。

⑮ 积木分类

所有可以发出命令的程序积木按照用途分为6类：
启动方式（黄色）、
角色动作（蓝色）、
可视外观（紫色）、
声音效果（绿色）、
简单控制（橙色）、
结束方式（红色）。

⑭ 积木面板

这个菜单显示当前可用的积木。选择你需要的积木，把它们拖放到编程工作区就可以了。

⑬ 编程工作区

你可以把这里当作一个小房间，专门用来存放 ⑫ 中提到的你设计的程序脚本。

⑦ 重置角色

重置所有的角色，使它们回到最初在舞台上的位置。如果你想设定角色的初始位置，直接拖动它就可以了。

⑥ 添加文字

可以在舞台顶部输入你想要的文字内容。

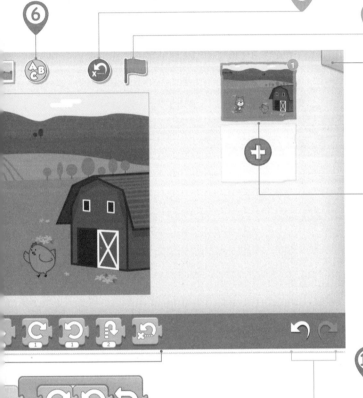

⑧ 绿旗

启动所有以"点击绿旗时开始"积木开头的程序。点击绿旗后，绿旗会变成红色六边形，再次点击红色六边形，程序就停止运行了。

⑨ 页面

选取项目中的页面，或是点击下方的 ➕ 来添加新的页面，最多可以有4个页面，每个页面有各自的角色、背景设置。如果想删除页面，点住页面就会在左上角出现删除按钮。如果想调整页面顺序，点住页面并拖动，即可重新排列位置。

⑩ 项目信息

可以给你的项目起个名字，也可以查看项目建立的时间，还可以分享你的项目。

⑫ 程序积木

这是一组简单的程序积木，也是我们最主要的学习和训练内容，主要就是将你需要的积木连接起来，让角色能按照你设计的这个积木组完成任务。

⑪ 撤销和重做

如果你的操作出现了失误，那么点一下左边的撤销键就可以回到上一步操作。若是不想撤销了，可以点击右边的重做键，就能返回到撤销前的状态。

图解绘图编辑器主界面

点击角色旁边的画笔按钮，就可以跳转到绘图编辑器主界面。

③ 形状

这4个按钮从上至下分别代表自由曲线、圆形、方形、三角形，你可以根据你的绘图需要来选择使用哪个工具去绘制形状。

② 重做

若撤销之后又不想撤销了，可以使用这个键取消最近的撤销操作，进行重做。同样可以连续操作，取消多次的撤销。

① 撤销

若操作失误，可以按这个键撤销上一步的操作，它可以连续撤销前面多个步骤。

⑬ 线条粗细

这个工具可以用来变更绘制线条的粗细。

⑫ 颜色

使用这个工具可以修改线条的颜色或填充内容的颜色。

技巧提示

我们建议先用工具 3 选择你所需的形状，然后用工具 13 调整线条的粗细，最后使用工具 12 修改颜色。

⑪ 填充

在点击填充工具后，你可以用指定的颜色将角色的某个区域或形状填满。在这之前，请确保你的形状或区域是封闭的空间哦，不然可填不上颜色。

舞台中间的小猫是 ScratchJr 的形象代言人，因为小猫的英语是 Cat，所以这个角色自动生成的名称就是 Cat。接下来就跟着舞台中间小猫 Cat 来一起训练"萌宠"们吧！

④ 角色名称

在这个位置会显示当前角色（或背景）的名称，点击椭圆框可以修改名称。

⑤ 保存

这个功能用来保存角色或背景，然后离开绘图编辑器。

⑥ 拖动

点击拖动工具，你可以按住画布上的角色或形状，把它拖动到你想要的位置。如果你选择的是形状，还可以通过拖动出现的小圆点来调整、修改形状。如果觉得小圆点太小了不容易操作，你可以试试用两根手指触屏，通过开、合来放大或缩小画面。

⑦ 旋转

点击旋转工具之后，你可以按住画布上的角色或是形状，将它们进行旋转，调整到你想要的角度。

⑧ 复制

使用这个工具能复制出一模一样的图案，点击复制工具后，接着点一下角色或是形状，将它们复制并粘贴在画布上即可。

⑨ 剪切

它像一把小剪刀，能剪掉指定的图案。点击剪切工具后，接着点一下想删掉的角色或是形状，将它们从画布上移除。素材库里自带的角色是无法删除某个局部部位的，比如你想删除小猫的脚是做不到的，但是背景是可以局部删除的哦。

⑩ 照相机

在点击照相机工具后，你可以点击角色的某个区域或是形状，然后将摄像头对准要拍摄的内容，接着再点击照相机按钮，就可以把相片内容填充到这个区域里了。

第二章
ScratchJr技能训练营

　　宝贝们，通过一番努力，相信你已经拿到了ScratchJr王国的钥匙，并掌握了它的开启方法。接下来，我们将邀请你加入萌宠王国训练营，这里一共有23项技能，我们将从训练萌宠们走路、转身、跳跃开始，带它们在海边散步、在花园躲猫猫，你还可以学着教它们如何写字、如何说话、如何相互传递信息、如何嬉戏玩耍、如何做游戏，甚至啊，你还可以帮它们导演一场精彩的舞台剧！哇！我已经迫不及待想要看到你的训练成果了呢！

　　怎么？担心自己做不好？放心！跟着训练官Cat 一起走进萌宠的世界，这里的小伙伴们都非常友好，它们会耐心、细心地指点你，教你用最简单的搭积木的方法，快乐地掌握ScratchJr的这些技能。只要你想表达，敢表达，会表达，又乐于去实践，相信不久的将来，你一定会成为萌宠王国最棒的训练官！加油宝贝们！

技能训练1：
变更背景和添加角色

聪聪 接下来，让我们选择一只"萌宠"吧！

美美 哇！太好了！

创建项目

在开始训练"萌宠"之前，要为它们准备活动场地，也就是创建一个新的项目。

点击 ➕，创建一个新的项目

变更背景

首先，我们为萌宠们打造一个舒适的训练场地吧！

Step1： 点击界面上方蓝天草地样式的按钮——变更背景，来选择一个新背景。

Step2： 这里有很多美丽的背景可以挑选，我们先选第1行第1个"农场"背景吧！

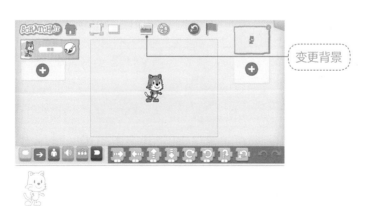

变更背景

添加角色

在训练场地里怎么能少得了我们的"萌宠"呢！

Step1: 选择添加角色按钮。

Step2: 挑选一个你喜欢的角色形象。打开素材库一看，哇，原来这里有这么多可爱的"萌宠"啊！让我们先请第1行第3个的角色"Tic"出场吧！

☁ 检验成果

第1个训练计划完成了吗？快来看看，你跟下面的图示效果做得一样吗？

拓展训练 ___ ×

① 多出的角色

美美 可是，我现在的界面上为什么多了一只小猫角色？

聪聪 因为小猫Cat角色是系统自带的。

美美 要怎样删除它呢？

聪聪 你可以用小手一直点住角色区中小猫Cat
的对话框，这样删除键就会出现了！点击红色
叉，把小猫Cat的角色从舞台上删掉。

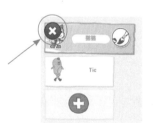

② 多出的背景

美美 我的界面上突然多了一个背景。你能帮我解决两个问题吗？

● 问题1：

这里怎么多了一个页面呢？跟下面这个 ⊕ 有关系吗？

● 问题2：

我想删掉这个页面，怎样删掉它呢？怎样操作才能让左上角
这个删除按钮 ⊗ 出现呢？

技能训练2：
上下左右移动

聪聪 舞台已搭好，"萌宠"角色Tic也已登台了，现在试试让它动起来吧！

选中角色

要想让你的"萌宠"动起来，首先要确定我们已经选中了它，就像这样，点击左侧的角色Tic，让它被黄色框圈中。

点击这个角色

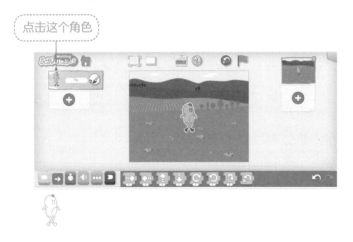

打开动作积木库

接下来，打开"存放"着各种动作技能的仓库——动作积木库，看看我们能让角色Tic做哪些动作。动作积木库位于界面左下角，从左往右数第2个按钮，是带箭头的蓝色图标。点击它，动作积木库就会在右侧的蓝色框里展开了。

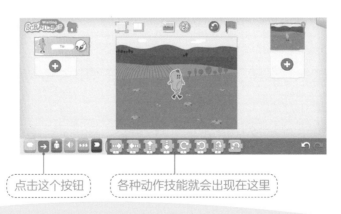

点击这个按钮　　　各种动作技能就会出现在这里

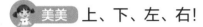 **认识4个积木**

在蓝色的动作积木库中，一共有8块积木。我们先学习前4个长得很像的积木吧！如果说，它们表示的是4个方向，你能说说分别是哪4个方向吗？

美美　上、下、左、右！

聪聪　没错，它们分别代表的含义就是：

 让角色向右移动。

 让角色向左移动。

细节提示

你有没有注意到，每块积木的下面有一个数字"1"。这表示，这个动作可以让角色向相应的方向移动1格的距离。

 让角色向上移动。

 让角色向下移动。

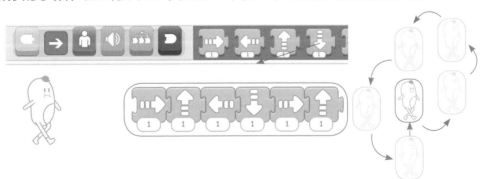 **用动作积木编写脚本**

脚本就像演员表演时要遵循的动作、台词，我们让"萌宠"Tic动起来，给Tic下达动作指令，就需要用到动作积木。把你希望Tic做的动作所对应的积木块依次拖动到编程工作区，把它们连接起来。看看下方的这些积木块，想象一下Tic会怎么动呢？对了，就是右、上、左、下、右、上依次各走1格的距离。伸出你的手指，点击积木组中任意一个积木，Tic就可以动起来啦！

拓展训练

1 动作积木可以分开吗?

美美 我的动作积木为什么无法运行呢?

聪聪 积木没有连接到一起时，断开的积木指令是无法运行的。所以，请一定把它们紧紧地组合在一起哦!

不要让我们分开啊

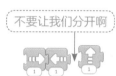

2 如何删掉某个动作?

美美 哎呀，这个步骤做错了，我想删掉这个积木，怎么办呢?

聪聪 你可以把不要的指令像这样向上拖曳回动作积木库，就能够删除它了。

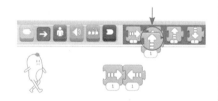

3 怎样修改动作积木下面的数字?

聪聪 右面这两组指令，你能看出它们的不同吗?

美美 它们动作下方的数字不同。

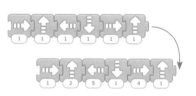

聪聪 没错! 悄悄告诉你，增大积木块下方的数字，Tic的步伐也会变大哦! 前面讲过，动作积木下方的数字如果是1，代表让角色按照规定动作移动1格的距离。如果把数字改成2、3或者更大的数字，它就会相应地移动2格、3格甚至

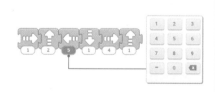

更多的格数。点击你想修改的数字，它会变成蓝色底，这时候右侧会出现数字键盘，你可以把动作积木下方的数字修改成你希望的数字。

技能训练3：
旋转、跳跃、回家

美美 Tic学会走路了，它好兴奋啊，它是不是开心得快要跳起来了？

聪聪 是啊！快点让我们帮帮它，让它旋转、跳跃起来吧。

认识另外4个积木

你可以点住某个积木不动，它的名字很快就出现在积木上方啦。

细节提示

在角色静止的时候，你用手指拖动这个角色，把它移动到任意你希望的位置，这个位置就是它的初始位置了。

右转
顺时针旋转。

跳跃
让角色跳起，积木下方的数字是角色跳起的高度。

左转
逆时针旋转。

回家
使用这个积木可以让移动、旋转后的角色，摆正身体并重新回到初始位置。

用积木编写脚本

首先，选中角色Tic。然后点击蓝色的动作积木库，让各种积木块展现出来。

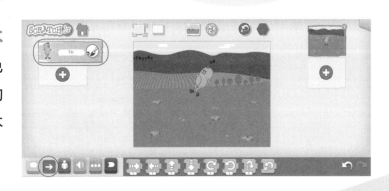

现在，我们想让Tic完成右转→跳跃→左转→跳跃→回家这一系列动作。做完以后和下面的积木核对一下吧。

这里的数字2可不是指跳跃2次哦，而是指跳跃的高度是2。如果你想让角色跳跃2次，需要用2个跳跃积木完成

☁ 触发积木组

点击积木组中任意一个积木，让Tic舞动起来吧！

舞动！

拓展训练 — ✕

❶ 更多的动作

你是不是觉得Tic只是摇摆还不够精彩？那么，你可以试着使用前面学过的所有的积木块，让Tic尽情地动起来！别忘了，最后要用"回家"积木哦，不然你的Tic会找不到自己的位置哦。

❷ 让 Tic 转一圈

右转 、左转 两个积木下方的指令数字，1代表旋转30°。这个数字也可以修改，用来指定旋转的度数。点击数字，使它变成蓝色底，这样数字键盘就会出现了。

如果想要让Tic旋转一圈，数字应该改为多少呢？

我知道，一圈是360°

技能训练4：
撤销、重做

美美 我是不是很聪明？这么快就学会了8个积木的用法啦！我现在是不是可以让Tic做一长串动作了呢？

聪聪 可以呀！

美美 哎呀！不好！我刚刚拖着积木往上放，刚做好的积木就都不见了！哥哥，怎么办呀？

聪聪 哈哈，你误打误撞学会了删除积木的方法。别担心，我有一个办法挽救。

撤销和重做

我们先来看看撤销和重做按钮长什么样。在每个类别的积木面板的最右侧，都有两个按钮。左边的是撤销按钮：如果你操作失误了，只要点一下撤销按钮就可以回到上一步操作了。右边的是重做按钮：当你执行了撤销操作，却又发现撤销错了，想重新找回上一步骤时，就可以点击这个重做按钮。

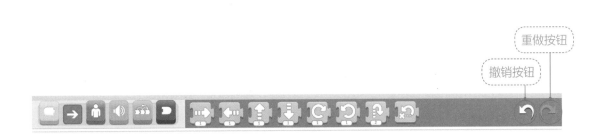

重做按钮

撤销按钮

亮起的按钮

美美 可是，现在的重做按钮为什么是灰色的，按不了呢？

聪聪 因为你没有撤销任何操作，所以现在重做按钮◎是灰色的，无法点击。当你点过撤销按钮之后，才有可以重做的步骤呀，那时候重做按钮才会亮起。

重做按钮亮起

拓展训练

撤销按钮和重做按钮可不仅仅是积木面板里才有的哦。在下面两个操作界面中，你能快速找到撤销和重做按钮吗？赶快用笔圈一圈吧！

角色编辑绘制界面

背景编辑绘制界面

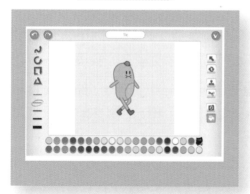

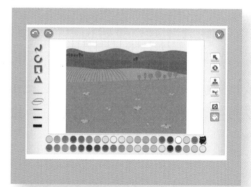

哎呀，我想撤销，重新吃一块骨头！

技能训练5：
全屏模式

聪聪 还记得怎么看脚本的执行效果吗？对，就是点击你设计制作的积木组的任意一块积木，它就可以动起来了！

美美 咦？为什么我的舞台这么小。

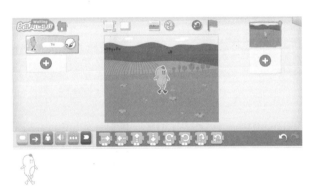

美美 哥哥，你展示的时候，舞台可以放到很大，充满整个屏幕吗？

聪聪 哈哈，下面就告诉你这个小秘密！

☁ 全屏模式

在画面的左上角有一个全屏模式按钮。点击它试试，是不是舞台放大到满屏了呀？

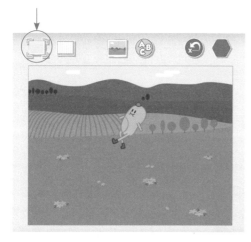

☁ 退出全屏模式

进入全屏模式以后，要是想回来修改它，要怎么才能让舞台缩小到原来的样子呢？原来，在进入全屏模式以后，全屏模式按钮就变成了缩小按钮。点击左上角的缩小按钮，舞台就回到原来的样子了。

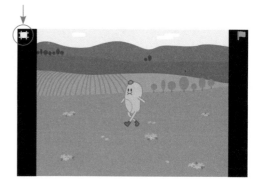

细节提示

在展示你的作品之前，一定要自己先进入全屏模式测试一次动作的效果。全屏模式可以让你清晰地看到自己的作品效果，把它修改到最完美的样子。同样，向大家展示你的作品时，也要用全屏模式来展示哦，这样效果更好。

我的舞台！

技能训练6：
项目开始和停止

美美 现在我会用全屏模式来播放"萌宠"的训练成果了，效果确实很棒！可是，全屏模式下，我看不到已经编写好的积木组，怎么才能在全屏模式下直接让"萌宠"Tic动起来呢？

聪聪 你再点击积木组中的任意一块积木，看一看，当"萌宠"Tic动起来的时候，你有没有发现舞台上方有个按钮发生变化了呢？多试几次，找到它吧！

开始和停止按钮

相信你一定发现了，当程序运行时，舞台右上方的绿旗按钮▶变成了红色六边形按钮●。我们可以这样理解：赛道的运动员，要听裁判的口令，绿旗一挥才能行动，红钮一按就得停止。

Step1： 点击绿旗按钮▶，启动程序，Tic在全屏模式下就可以动起来了。

Step2： 积木组程序运行过程中，随时都可以点击红色六边形按钮●，程序立刻停止运行。这时，红色六边形按钮●又会变回绿旗按钮▶。同样，如果程序完全运行完，红色六边形按钮●也会自动变回绿旗按钮▶，等待下次启动。

积木组程序未运行

积木组程序运行中

☁ 找到积木指令的位置

美美 可是，用技能训练5里面设计好的项目来试，当我进入全屏模式之后，看不到程序组了。

聪聪 是的，所以我们急需一个触发启动项，那就是小绿旗。我们需要在所有的动作积木之前加一个"点击绿旗时开始"积木。

美美 这个积木块在哪里呢？

Step1： 它在左侧第1个黄色触发积木库里面，第1个绿旗 🏳 的积木按钮就是"点击绿旗时开始"积木。

Step2： 然后，将"点击绿旗时开始"积木拖动到编程工作区，放在编写好的积木组的最前面。

Step3： 好了，一组完整的积木程序完成了！试试在"全屏模式"下，点击右上角的绿旗 🏳，"萌宠"Tic是不是动起来了呀？

骨头能让我动起来！

技能训练7：
放大、缩小、重设大小

聪聪 美美，你学得很快。哥哥奖励你3个神奇的积木指令，它们可以让我们的"小萌宠"随意变大或变小，而且还能随时变回原来的样子，快去训练场看看吧！

在学习技能之前，我们先在积木库中找到这些指令。放大、缩小、重设大小，都是对角色外观的改变，所以这3个积木应该藏在外观积木库里，也就是从左往右数第3个紫色带小人图案的按钮👤。

点击这个紫色的外观积木库按钮，在它的右侧会出现很多外观积木。我们看第2个、第3个、第4个，它们分别代表放大、缩小、重设大小。

☁ 认识放大、缩小、重设大小3个积木

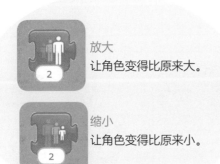

放大
让角色变得比原来大。

缩小
让角色变得比原来小。

重设大小
把角色变回原来大小。

☁ **测试指令**

试试这组程序，让Tic大大小小地动起来吧！

 拓展训练 — ✕

1 更改数字

你可以试着点击积木下方的数字，修改数值，也就是参数值。再进行测试，看看Tic又会有什么改变呢？

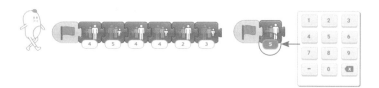

2 组合积木

你也可以试着自由组合这3个积木，说不定会有不一样的动画效果哦！

3 放大、缩小、重设大小之间的关系

如果我们将角色放大了 ，此刻想要恢复到原来的大小，除了可以用重设积木 以外，还能怎么变回原来的大小呢？

● 提示：缩小积木 也许可以解决这个问题哦！

视频学习
扫描二维码，
看视频学习这个技能。

我可以缩成一个球！

技能训练8：
隐藏、显示

聪聪 美美，你知道吗？在外观积木库里，除了有让角色放大、缩小、重设大小的积木以外，还有两个神奇的积木，它可以让"萌宠"们像变魔术一样从舞台上隐藏、显示。我们试试吧！

找到隐藏、显示积木的位置

隐藏和显示也是对角色外观进行的改变，所以它们也在紫色的外观积木库里。点击外观积木库，找到最右边的两个积木指令，它们分别是隐藏、显示。

外观积木库　　　　隐藏、显示按钮

认识隐藏、显示积木

隐藏
让在舞台中的角色渐渐地消失不见。

显示
让消失的角色渐渐地出现在舞台上。

测试这两个积木的效果

你可以在编程工作区列出这样一个积木组，然后试试"萌宠"Tic发生了什么有趣的变化吧！

看！点击绿旗以后，"萌宠"Tic先消失了，然后又出现了！

让Tic若隐若现

消失、出现，消失、出现，消失、出现，消失、出现，消失、出现……

如果我想让"萌宠"Tic拥有这样反复不停地消失又出现的能力，应该怎么设计、编写这组积木程序呢？你来试一试吧。

让我那块消失的骨头出现吧。

技能训练9：
循环和无限循环

聪聪 如果我想让"萌宠"Tic拥有反复不停地消失又出现的能力，应该怎么编写这组积木程序呢？

美美 嗯？我可以把隐藏和显示两个积木不断地拼接在一起呀！

聪聪 可是，拼接两组、三组、十几组，还是有可能的。如果要让它一直不停地重复这组动作，就需要简单又便捷的方法了。一个是循环，另外一个是无限循环。

美美 可是，这两个词难道不是一个意思吗？都是重复做一个动作的意思。它们又有什么区别呢？

认识循环和无限循环积木

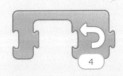

循环
重复执行区块内的所有程序，执行的次数与积木下方的参数一致。

无限循环
重复执行区块内的所有程序，不停地重复，没有次数限制。

美美 原来"循环"是可以指定重复次数的，而"无限循环"则是一口气不停地重复下去。

☁ 找到这两个积木的位置

循环积木是橙色的，在积木库中，对应的就是从左往右数第5个橙色按钮 ，也就是控制积木库。点开控制积木库，最后一个长长的积木就是循环积木了。

无限循环积木是红色的，在积木库中，最后一个红色按钮是结束积木库。点开结束积木库，最后一个按钮就是无限循环积木。

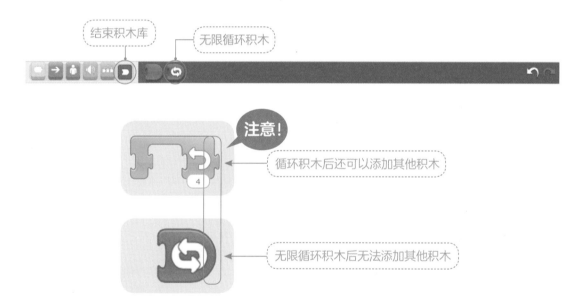

因为无限循环是无限次数的，所以循环不会结束，也就不会有下一个动作了，因此它才会在结束积木库里，它一定是放在一组动作的最后才行哦。

☁ 测试这两个积木

现在，我们来实现Tic连续4次"消失又出现"的动画效果。

●问题1

首先，"隐藏、显示"的指令是这样的 。现在，我想使用循环积木让这组动作重复执行，应该怎么使用循环积木呢？下面有几个选项，你猜猜看，哪个正确？

选项1　　　　选项2　　　　选项3

美美　是选项1吗？还是选项3呢？

聪聪　不对。必须将需要循环的程序全部放置在循环积木内。选项1中，只框住了显示积木，选项3只框住了隐藏积木。循环的动作都是不全的哦！

美美　看来选项2正确啦！那框上的4是什么意思？

聪聪　意思是将"隐藏、显示"这组指令重复执行4次。

●问题2

请你编写以下这两组脚本，然后测试看看它们的效果有什么不同。

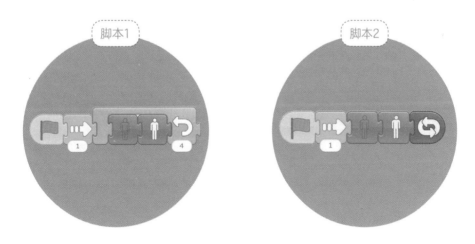

脚本1　　　　　　　脚本2

细节提示

脚本1：

在脚本1中使用的是循环积木。所以角色会先向右移动1格，然后将"隐藏、显示"的效果重复执行4次。

脚本2：

这组脚本使用的是无限循环积木作为结束。所以角色会将"向右移动1格、隐藏、显示"这组动作效果无限循环下去。因为无限循环是无限次数的，所以循环不会结束，不会有下一个动作了。

 拓展训练

● **试着改变参数**

如果把这个参数改为10，表示什么意思呢？如果想不到，可以实际操作一下看看效果哦！

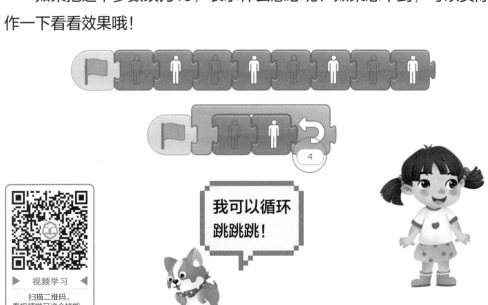

我可以循环跳跳跳！

视频学习
扫描二维码，
看视频学习这个技能。

技能训练10：
舞台添字、角色说话

聪聪 小"萌宠"Tic蹦蹦跳跳地学了这么多技能，现在，我们让它安静下来，学学写字、说话吧！想要在"萌宠王国"的舞台中呈现文字，可以有两种方法。先来看一下"萌宠"们在舞台上展示的文字效果吧。

美美 原来我们可以在舞台上直接写字啊，还可以让"萌宠"角色"说话"。这些也都是用积木指令来实现的吗？太神奇了！

聪聪 对。我们一起去看看是怎么做到的吧！

🌩 在舞台上添加文字

在界面的上方，中间位置，有一个这样的标志⊚，上面写着"ABC"，这个就是添加文字的按钮。

Step1： 点击这个按钮。

Step2： 你会发现，舞台上方出现了一个框，里面有一个光标在闪烁，这就代表你可以打字啦。

Step3： 你可以使用平板电脑自带的键盘来输入文字。

Step4： 输入的文字怎么还在舞台顶部？哈哈！你试试点住这些文字，然后把它们拖动到你想要的位置。

送你一串神奇的密码，
试着输入进去看看吧！
mengchongwangguo

让角色"说话"

我们使用微信聊天的时候，文字内容会写在一个文字泡中。在ScratchJr里面，也有一个类似的文字泡按钮。它在从左往右数第3个外观积木库里，第1个就是说话积木。

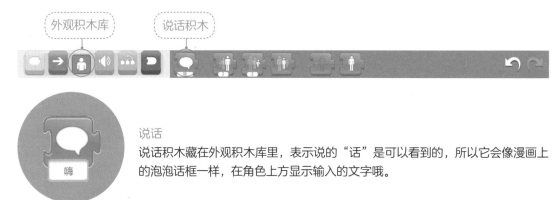

外观积木库   说话积木

说话
说话积木藏在外观积木库里，表示说的"话"是可以看到的，所以它会像漫画上的泡泡话框一样，在角色上方显示输入的文字哦。

Step1： 把说话积木拖动到编程工作区。

Step2： 点击积木下方的"嗨"字样，点击后，就可以输入和更改文字了。

Step3： 使用平板电脑自带的键盘输入你想要的文字。试试输入"萌宠王国"吧！

还记得那串神奇的密码？
mengchongwangguo

拓展训练

美美 我希望在舞台上的"萌宠王国"文字是最大的，颜色改成黄色。哥哥，你能试着帮我做到吗？

聪聪 这里给你一点小提示。你能找到这两个按钮在哪里吗？

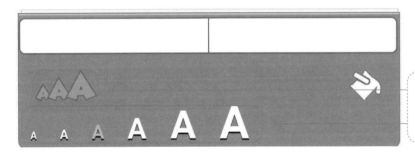

点这里，可以选择文字的大小

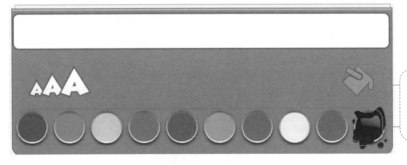

点这里，可以更换文字的颜色

▶ 视频学习 ◀

扫描二维码，
看视频学习这个技能。

技能训练11：
角色的声音

美美 不知道"萌宠"Tic除了会用文字泡假装说话以外，它能不能真的发出声音说话呢？

聪聪 当然可以。

认识声音积木库里的积木

Step1： 把小喇叭标志的pop积木拖动到编程工作区试试效果。

Step2： 可以借助点击绿旗积木，组成一个发声的小程序哦。

聪聪 从左往右数第4个，这个绿色的带小喇叭标志的按钮就是声音积木库。

美美 奇怪！声音积木库里面怎么只有一个喇叭标志是亮起的状态呢？

聪聪 这个小喇叭标志的积木叫播放pop。

声音积木库　　播放pop积木

美美 哦？Tic发出了"啵"的声音，好有趣！

认识录音积木

聪聪 在播放pop积木旁边的这个小麦克风是什么呢？点击试一下吧。

美美 哇，一点击麦克风，立刻出现了一个新窗口。

聪聪 对，它叫录音窗口。

Step1： 点击录制按钮开始录音，把你希望Tic说的话录制进去。

Step2： 点击停止按钮终止录音。

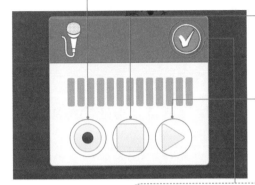

Step3： 点击播放按钮试听效果（如果不满意可以重复Step1、Step2的操作步骤，重新录制）。

Step4： 点击确认按钮保存录音。

Step5： 这时你会发现，在声音积木库中多了一块积木 ，它从虚线变成了实线的图标，这就是你刚刚录制完的声音哦。如果你还想再录几段声音，重复前面的操作，它们就会像这样按序号依次排列到后面了。

拓展训练

美美 我多录制了一段声音，现在不想要了，怎么删除它呢？

点击这个按钮删除

聪聪 提示一下，想办法让它的左上角出现这个小红叉哦。

我会说"汪"！

▶ 视频学习 ◀
扫描二维码，
看视频学习这个技能。

技能训练12：点击时开始

美美 哥哥，训练了这么久，每项技能都反复测试，可把小绿旗 累坏了，能让它休息一下，换成其他积木块吗？

聪聪 可以的，我们换一种启动积木组程序的方式，叫作点击时开始。它用起来简单又方便。

美美 真的吗？太好了！

☁ **认识点击时开始积木**

点击时开始
这个积木的图案看起来像一个小手在点一个小人儿。意思是，你点击角色的时候，为这个角色设计的程序组就可以启动了。

☁ **找到点击时开始积木的位置**

你还记得小绿旗在哪个积木库里面吗？小绿旗 的积木颜色是黄色，点击时开始积木也是黄色，所以它们在同一个积木库——触发积木库里。界面的第1个图标就是触发积木库。你可以这样理解，点击绿旗开始，或者点击时开始，它们都属于一种让"萌宠"开始动起来的方式，或者说是触发方式。所以它们都在触发积木库中。点击时开始积木在这个积木库的第2个位置，也就是在绿旗积木的后面。

触发积木库　　　点击时开始积木

☁ 试试这个积木的效果

将点击时开始积木放在编程工作区编写好的积木组最前端，当你点击"萌宠"角色时，在点击时开始积木后面的积木组程序就开始执行啦。我们现在试一试。

Step1：先编写一串动作，比如下图这样。你也可以编写其他动作。

Step2：在这组积木的最前面放一个点击时开始积木。

Step3：现在试一试吧，点击"萌宠"Tic，看它动起来没有。

 拓展训练

更换了启动方式，小绿旗就没有作用了，那此刻全屏模式下，我该怎么启动程序呢？

哈哈哈，这个我会，当然是点击Tic啦！

技能训练13：保持原速、加速、再加速

美美 "萌宠"Tic已经不满足于行走了，它想快点、再快点到达目的地。

聪聪 若想控制角色的速度，当然要到控制积木库里找啦。

☁ 找到设定速度积木的位置

从左往右数第5个按钮，就是橙色的控制积木库。其中第3个积木，上面的图案是一个小人儿在走路，后面似乎还带着一阵风。这个积木就可以用来控制"萌宠"Tic的行走速度。

控制积木库　　设定速度积木

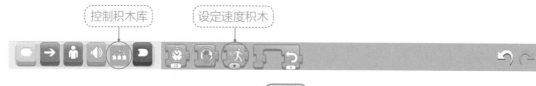

☁ 认识设定速度积木

先把这个积木拖到编程工作区，你会发现它和我们前面用过的积木长得有些不一样。在这个积木下面有一个小倒三角箭头。

这里有个倒三角，点击看看是什么？点击以后，下面出现了3个选项

保持原速　2倍加速　4倍加速

☁ 试一试这3个选项的效果

你可以分别编写出下面3个不同的积木组，然后看看Tic用哪组程序跑得最快。

我最快！

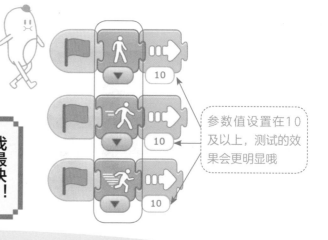

参数值设置在10及以上，测试的效果会更明显哦

技能训练14：
网格定位

聪聪 这里有一张格子图，你能说说红色方块在第几行第几列吗？

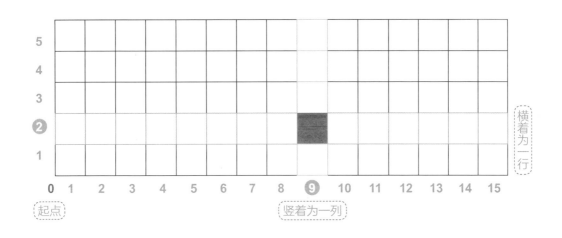

美美 它在第4行，第9列吧。

聪聪 那你是从上往下来数的，它是第4行。不过请仔细观察，左侧和下方分别有数字1、2、3、4、5……根据这个排序，我们应该从下往上，从左往右地数格子。因为在ScratchJr里，有一个隐藏的初始0起点是在左下角，所有行、列都是从这里开始数哦！

美美 我知道了！红色方块在网格图中的第2行，第9列。

聪聪 答对了！

美美 那在"萌宠王国"里也有网格吗？它会藏在哪儿呢？

☁ 找到网格模式的切换按钮

聪聪 其实在我们的"萌宠"训练场地中也藏着网格，只要点一个按钮，网格就会显示出来。

美美 它藏在哪里呢？

聪聪 仔细看左上角。在没有网格的状态下，左上角第2个按钮长这个样子。只要按一下这个按钮 ⬜，就可以让网格显示出来了。

网格显示出来的效果就像左边的图这样。从左往右共有20格，从下往上共有15格。

☁ 关闭网格模式

美美 看！有网格的界面中，第2个按钮的样子从 ⬜ 变成了 ▨，有一个红色的斜杠。

聪聪 对。这时候，如果按下这个有红色斜杠的按钮，就表示不想让网格显示出来了，可以关闭网格模式。

☁ 看网格计算行动步伐

仔细看网格的左边和下边，有我们前面提到过的行数和列数。借助这些数，我们就可以轻松地数格子了。这样我们就可以计算角色的行动步伐，让"萌宠"Tic精准地按照我们希望的路线来行走了。

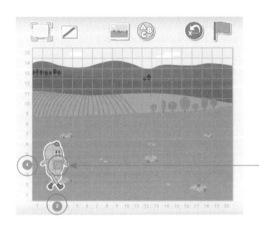

美美 Tic的脚明明在第2行（2的高度上），为什么说它在第4行呢？

聪聪 美美，看到Tic身上的这个小方框了吗？角色在舞台中的位置是以它整个造型的中心来确定的哦！

Step1： 首先，我们先记住"萌宠"最开始的位置，就像图中Tic的位置，现在是第4行第3列。也就是说，4的高度不变，从第3列开始从左向右走。

Step2： 我们想让Tic从左图位置，准确地走到右图位置。

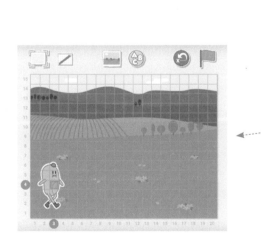

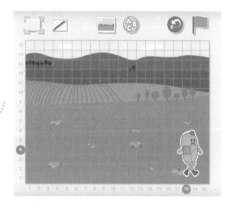

用向右积木来完成的话，Tic需要走几步呢？也就是说，应该把向右积木下方的数字改成数字几呢？

解决方法

●方法1：

"萌宠"Tic是向右走的，改变的只是左右的格子数，所以我们只要数一数向右走了几格就可以了。仔细看图，"萌宠"Tic从3走到了18，也就是15步。

●方法2：

更简便的方法。你可以用减法来计算一下。结束的位置是18，起始位置是3，直接用18-3=15，得到答案15步，就可以了。不需要额外加1哦！

Step3：我们把向右积木拖动到编程工作区，然后把数字改成15，前面加上点击绿旗时开始积木。然后试一试效果吧！"萌宠"Tic准确地走到了第18格的位置。

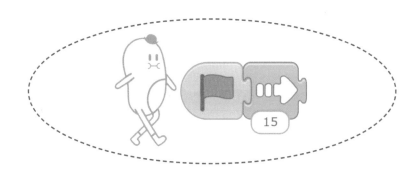

Segment

 看一下，你算对了吗？程序也是这样做的吗？

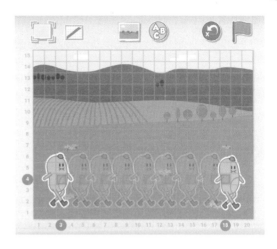

拓展训练

如果Tic从左图走到右图的位置，应该用到哪个积木块？积木下方的数字（参数）应该改成几呢？

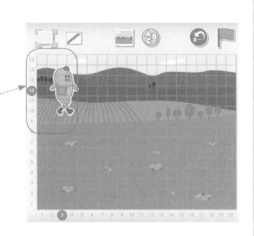

我只知道骨头有几根！

▶ 视频学习 ◀
扫描二维码，
看视频学习这个技能。

技能训练15：
暂停

美美 最近我在训练活泼的"萌宠"Tic练习跳跃。可是，它每次跳起、落下后，都得立刻再跳起来。才跳了4次，就把它累坏了。它想休息休息，跳一下，停一下，再跳再停，再跳再停……我们能帮它实现愿望吗？

聪聪 有一个积木可以帮到它——暂停。

暂停
这个积木可以让角色暂时停下来等一段时间，它的图案是一个钟表。

像我一样！

认识暂停积木

这个积木是橙色的，它可以让角色停一停再动，说明它能够控制角色的动作，所以它应该在控制积木库中，也就是从左往右数第5个按钮。在这个积木库的第1个位置，就是暂停积木。

控制积木库　暂停积木

☁ 如何使用暂停积木

这个积木的用法很简单，你想让角色在哪个动作技能后停一下，就把它插入到哪儿就可以了。举个例子：

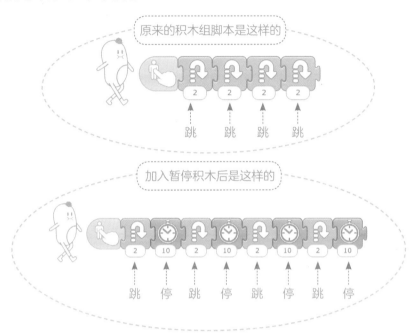

现在，点击"萌宠"Tic触发积木组程序，看看效果吧！

🐕 拓展训练

美美 "萌宠"Tic才跳了4次，就有这么一长串积木组了，那要是再多跳几次，工作区岂不是装不下了？

聪聪 没关系，我们有方法解决它。你还记得在技能训练9中学习过的内容吗？它能迅速缩短这个脚本哦！

我累啦！

没错，就是循环。只要把跳跃和暂停两个积木放在循环积木的框内，"萌宠"Tic就可以一直重复蹦跳和休息两个动作啦。

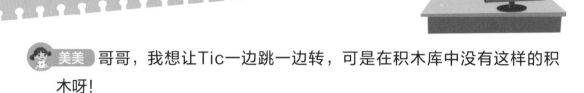

技能训练16：并行积木组

美美 哥哥，我想让Tic一边跳一边转，可是在积木库中没有这样的积木呀！

聪聪 我们前面学过跳跃积木，也学过旋转积木，能不能把它们结合起来呢？让一个角色同时开始做两套动作！我们可以并列排出好几组动作，这些积木组可以同时作用在这一个角色上面。

☁ 搭建跳跃动作积木组

Step1: 首先从蓝色的动作积木库中拖出跳跃积木。

美美 这里的数字2是什么意思呢？

聪聪 在跳跃积木中，数字指的是跳跃的高度哦。

Step2: 在跳跃积木外面"包裹"一个循环积木，把循环次数改为4，表示连续跳跃4次。当然，你也可以改成你想要的数字。

Step3: 那么，怎么才能让"萌宠"Tic开始跳跃呢？得给它一个触发方式才行。你可以用绿旗触发，也可以采用点击触发的方式。这里我们就选点击触发吧。把点击时开始积木放在刚刚编写好的循环积木前面，让它们组成一个完整的积木组。好了，现在如果点击Tic，它就会开始跳跃了。

☁ 搭建旋转动作积木组

Step1： 你可以让Tic向右旋转，也可以让它向左旋转。我们就用向右旋转做示范吧。旋转1代表30°，如果想让Tic旋转一圈，我们要把数值设为12哦。

Step2： 我们需要让Tic不停地旋转，所以我们在右转积木后面加一个无限循环积木。

Step3： 同样，要在这串积木组前面加上和上面一组一样的触发积木。

☁ 整体观察并行积木组

聪聪 你看一下，你做完的两组积木组的效果是不是这样呢？两个并行积木组的触发方式要一样哦。

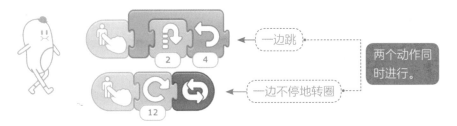

一边跳

一边不停地转圈

两个动作同时进行。

美美 就这样分开放着就可以吗？

聪聪 对呀。因为我们采用了同一种触发方式，在点击"萌宠"Tic的时候，两组积木组都是符合触发条件的，所以它们会同时被触发。

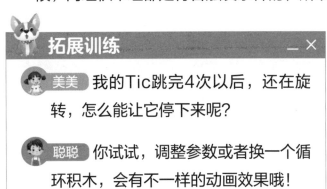

拓展训练 ― ×

美美 我的Tic跳完4次以后，还在旋转，怎么能让它停下来呢？

聪聪 你试试，调整参数或者换一个循环积木，会有不一样的动画效果哦！

看我旋转、跳跃，我闭着眼！

技能训练17：停止和结束

美美 我的"萌宠"Tic旋转的动作积木组是以无限循环结尾的，它不再跳了，但还在旋转呀！怎么实现跳完了就不旋转的效果呢？

聪聪 也许你会想把无限循环积木改成循环积木，然后调整参数，这是个办法，但也不能很好地让两个动作同时停止。不过别担心，下面我来告诉你两个更好用的积木。

我们想要达到的效果是，让"萌宠"Tic不跳的同时也就不转了，也就是说一切行动结束的时间点以跳跃积木为准。到底应该用停止积木，还是用结束积木呢？我们来看一下这两块积木有什么不同吧。

☁ 认识停止和结束积木

停止
停止执行同一个角色上的所有程序。

结束
用来表示本条程序结束，而同一角色的其他并行程序不受影响。

☁ 尝试停止积木

停止积木在从右往左数的第2个控制积木库里，它在控制积木库的第2个位置。

控制积木库　停止积木

把它放在跳跃积木组后面，点击触发程序。当跳跃停止时，Tic也不再转圈了！

跳跃积木组

细节提示

美美 把停止积木放在跳跃积木组后面就可以了吗？难道不需要在跳跃积木组、旋转积木组后面都放一次吗？

聪聪 不需要！因为停止积木 🔲 是用来停止执行同一个角色上的所有程序的，所以同一角色不论有几条积木组，只需要一个停止积木 🔲，就可以停止全部积木组的动作了。

美美 那么，如果我不在跳跃积木组后面放，只在旋转积木组后面放这个停止积木，可以吗？

聪聪 如果你的旋转积木组是以无限循环积木结尾的，那是不可以的，无限循环后面无法再添加任何其他的积木块了！

☁ 尝试结束积木

结束积木肯定在结束积木库里面啦！结束积木库就是最后一个红色按钮。结束积木在这个积木库的第1个位置。

结束积木库

结束积木

将它拖放到跳跃积木组后，点击触发程序，跳跃停止时，"萌宠" Tic还在不停地转圈。你知道为什么吗？再读一读结束积木 ◗ 的定义，它是用来表示本条程序结束的，而同一角色的其他并行程序不会受影响，也就不会停止。

技能训练18：两个角色

 美美 "萌宠"Tic一直都自己一个人在刻苦地训练着，好孤单呀！我们要不要再请出一个"萌宠"，陪Tic一起完成训练任务呢？

聪聪 没问题！

添加第2个角色

你还记得怎么添加角色吗？在萌宠Tic的角色下方有一个加号，点击加号，可以进入角色库，选择你喜欢的角色上场哦！

绘制按钮

修改角色设置

如果你对添加的角色不太满意，可以点击角色后的绘制按钮进行修改，像这样。

Step1：点击绘制按钮。

Step2：进入绘图编辑器界面，对已有角色进行修改，如借助油漆桶工具，选择喜欢的颜色进行填充等。

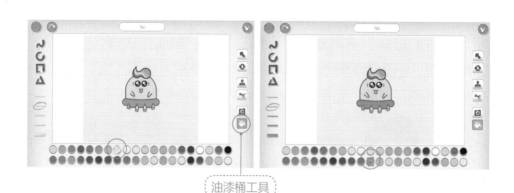

油漆桶工具

☁ **绘制一个新角色**

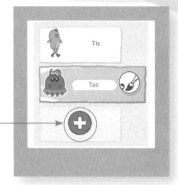

聪聪 如果还不满意，你可以自己重新绘制一个全新的角色，像这样。

Step1：点击添加新角色。

Step2：选择绘制角色按钮，进入绘图编辑器界面。

Step3：借助工具，绘制你想要的角色。

美美 我们试着来画一个气球吧。

聪聪 好啊！

01

选择圆形和三角形工具，选择合适的笔宽和颜色，绘制气球的外形。

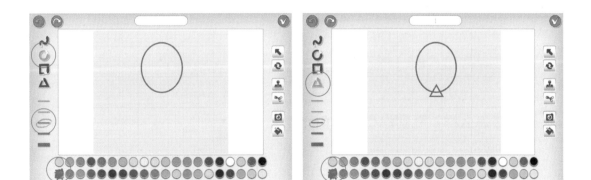

选择填充工具，并选
择喜欢的颜色，对气球内
部进行填充。

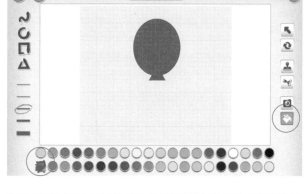

选择曲线工具，选择
合适的笔宽和颜色，绘制
气球的小尾巴。

不要忘记给你亲手绘
制的新角色起个名字，并
点击确认哦！

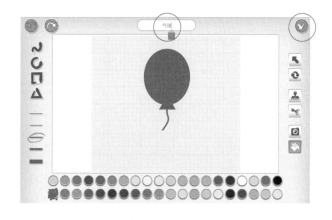

聪聪 怎么样？看到你绘制的角
色了吗？

☁ 删除角色

如果选错了角色，也可以把它删除掉。还记得如何让这个红色叉出现吗？尝试一下吧！

细节提示

这样用红色叉删除角色，只是把角色暂时请出了舞台。对于有些角色（比如你自己修改或绘制的角色），如果你彻底不想要它们了，可以试着去素材库里彻底删除素材哦！

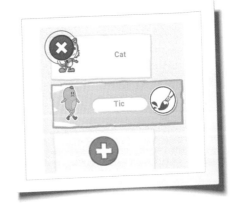

想彻底删除一个角色，可以点击角色素材库，找到你不想要的角色，然后点红色叉，这样它就彻底消失了。

对于背景素材也是同样的道理。在背景素材库中，找到不想要的素材，然后点击红色叉，它就彻底消失了。

拓展训练　— ✕

素材库里自带的角色或背景能删除吗？可以试一下哦！

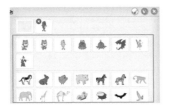

技能训练19：角色碰撞

美美 我的两个"萌宠"走路的时候会不会撞到一起呀？

聪聪 有这种可能哦！还会更有趣呢。我们来看看角色碰撞积木怎么用吧！

> 我经常撞到头！

认识角色碰撞积木

碰到时开始
当一个角色碰到另一个角色时，另一个角色被赋予的程序就会开始执行。

找到积木的位置

因为这个积木会使得某个角色的程序开始执行，所以它属于一种触发的方式，那么这个积木一定在触发积木库里。碰到时开始积木在这个积木库的第3个位置。

细节提示

一定要注意哦，一定是被碰撞的那个角色，它的程序开始执行哦。

触发积木库　　　　碰到时开始

为"萌宠"编写一组程序

既然是一种触发机制，那么这个积木一定是放在所有的积木组前面哟！这样一来，它后面的那些积木才会在角色被碰到之后开始表演这一串动作。就像这样，我们为新来的"萌宠"Tac做了一套动作，然后把碰到时开始积木放在最前面吧。

细节提示

一定要注意，这个积木组是写给"萌宠"Tac的哟！你一定要先选中"萌宠"Tac，看到它的角色框变成黄色，然后再在它下方的编程工作区来放置碰到时开始积木。在编程工作区，正在给谁编程，谁的形象就会出现在积木组旁边。

 启动这组程序

现在积木组指令设计好了，那该怎样启动这个程序呢？碰到时开始的触发机制，只有被碰到才能开始动作。那么，我们就要找一个角色来碰Tac。

就让我们的老朋友Tic来碰吧！
再整理一遍思路。

 Tac开始动

Tic走过来

Tic碰到Tac

如何让Tic碰到Tac呢？这就需要让Tic一直向前走，一直走到碰到Tac才行。在舞台上，Tic在Tac的左边，那么，我们给Tic加一个积木，就是向右。可是，它到底应该走几格才能碰到Tac呢？这个积木下面的数字应该改成几呢？

☁ 开启网格模式

　　没错，聪明的你一定想到了，我们应该数一数Tic和Tac之间相差几个格子。那么，我们就开启网格模式，来看看它们之间的距离吧！

　　一开始我们可以简单一点，把Tic和Tac都放在同一行，都在第7行。Tic一开始的位置在4，而Tac的位置在14。我们应该让Tic从4走到14，这样它就能碰到Tac了。

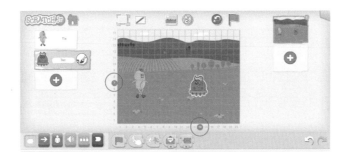

　　你知道这里应该填数字几了吗？亲自尝试一下检验看看吧！

▶ 视频学习 ◀
扫描二维码，
看视频学习这个技能。

技能训练20：
复制脚本

美美 哥哥，我想让Tic和Tac两个"萌宠"做一样的动作，可是做两遍一样的积木拼搭好累啊。有什么好方法吗？

聪聪 哈哈，当然有了！那就是复制脚本。

☁ 认识复制脚本

如果两个或多个角色有同样的积木组脚本设计，我们只需要对一个角色完成编程，其他的角色积木组只需要"一拖"就可以复制啦！

Step1： 用小手点住已写好的积木组脚本最前面的启动项积木块，把它们拖动到还没编写脚本的角色上。这里，我们把Tac上面的脚本拖动到Tic的角色图标上。

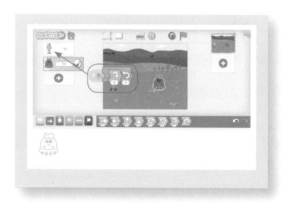

Step2： 当Tic角色出现黄色选框时，说明已经复制好了，这时你可以松开手指啦。

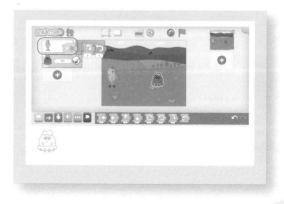

聪聪 好啦，分别点击两个角色看看吧，是不是都有一样的积木组脚本了呢？

美美 哇！真的是一模一样啊。复制脚本真好用！

拓展训练

美美 哥哥，我在复制的时候，一不小心没点住，拖到一半松手了。做好的脚本就这么被删除了，看，编程工作区都空了。这可怎么补救啊？

聪聪 别着急。让我们回忆一下，在技能训练4里面有没有学过一个小箭头的按钮↶呀？还记得它是什么吗？你试试吧！

一不小心，空空如也……怎么办？

技能训练21：发送消息、接收消息

聪聪 我给你的"萌宠"们发了一封信，你看看它们收到了吗？发送和接收消息也是一项技能，一定要拿到属于你的信封才能开始执行积木程序哦。

美美 哇，我去看看！

☁ **认识发送消息、接到消息时开始积木**

聪聪 这组积木有些特别，它们必须搭配使用才有效！

 发送消息
发送指定颜色的消息。

 接到消息时开始
当接收到指定颜色的消息时，开始执行后面的程序。

美美 可是，应该先"发送消息"，还是先"接收消息"呢？

聪聪 不发消息，怎么能接收消息呢？我们先学习这组积木的使用技巧吧！

☁ **找到两个积木的位置**

这两个积木在触发积木库里面，它们在最后两个位置。

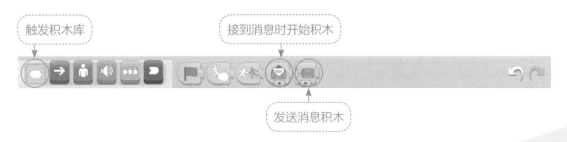

触发积木库

接到消息时开始积木

发送消息积木

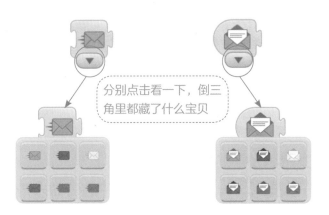

分别点击看一下，倒三角里都藏了什么宝贝

 聪聪 这里藏了6种颜色的信封，最多可以分给6个"萌宠"呢，当然，你也可以都发给同一个"萌宠"来执行不同任务。注意，发信和收信选择的颜色要一样哦！

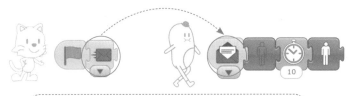

只有收对了指定颜色的信封，才能顺利完成任务哦

拓展训练

Tac明明接到了信，为什么却无法执行积木程序呢？

一定是因为饿了！

▶ 视频学习 ◀

扫描二维码，
看视频学习这个技能。

技能训练22：
切换场景

美美 我能让"萌宠"们走到外面去看看吗？

聪聪 可以呀。现在就带它们去看海吧！我们得让它们学会一种切换场景的技能哟。

☁️ **认识切换场景积木**

切换至页面
将当前页面背景切换到项目指定的页面。

聪聪 你看，这个积木是红色的，你能猜到它在哪个积木库里吗？

美美 我知道！它一定在结束积木库里面！咦？怎么没有切换场景的积木呀？

聪聪 哈哈，你看看，切换场景需要从一个场景切换到另一个场景。可是，我们的界面里现在有几个场景呀？

美美 哦，原来我们现在的界面里只有农场这一个场景，没有另外一个场景用来切换呀，所以这个功能没有启动。

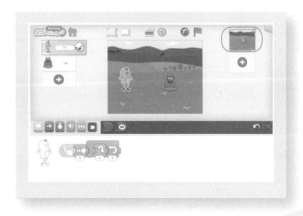

添加第2个背景

我们试着添加一个海边背景的页面吧！

Step1：点击添加按钮。这时会出现一个新的空白场景。

Step2：点击添加背景按钮。

Step3：选择海边白天背景并确定。

完成积木编程

现在再去看看结束积木库吧。现在多了一个海边的背景。所以，在结束积木库里，出现了一个切换至页面积木！把它拖动到积木组最后试试效果吧！

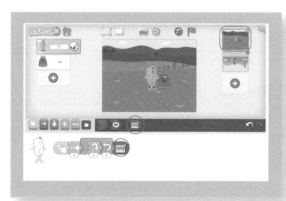

☁ 试试效果

是不是程序结束后，自动跳到了海边的页面？

美美 咦？为什么跳转到海边的场景中，我的"萌宠"Tic就没有了呢？变成了小猫。

聪聪 切换到新的场景，就等于是全新的开始，所有角色和积木脚本都要重新设计制作哦！小猫Cat是我们软件默认的角色，它就自己出来了。你要是想让Tic来到海边，就得把小猫Cat的角色删掉，然后添加Tic的角色哦！

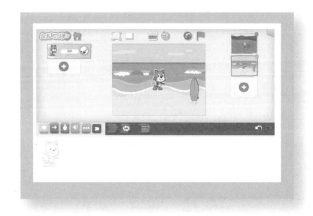

☁ 再回到农场

我们在海边背景下的"萌宠"Tic角色积木组的最后添加切换至农场页面，试试看，是不是又回到农场页面了啊？

▶ 视频学习 ◀

扫描二维码，
看视频学习这个技能。

技能训练23：
项目整理、重命名

聪聪 你学得很快啊！我们把基本的技能都学完了。

美美 哎呀！可是我之前做的项目有些乱，我都找不到哪个是哪个了。

聪聪 哈哈，那我们就学习一个非常重要的技能——项目整理和重命名吧！

☁ 保存项目

当我们点击这个小屋的标志退出项目操作界面时，ScratchJr会默认帮我们保存项目。

可是，当我们再打开创作空间看一看时，发现之前保存的项目作品名字都是项目1、项目2、项目3，已经分不清每个项目的主题是什么了。如果做的项目比较多，我们想再找到某个特定的项目时，就很难了。所以，我们需要给每个项目起一个名字，以便整理。

☁ 项目整理

Step1： 首先，我们先在"我的项目"里把作品整理一下，看看哪些项目不再需要了，可以长按项目，点击删除按钮。

Step2： 整理好后，我们就要给每个项目重新命名。最好起一个跟内容相关的名字，这样也方便你以后查看哦。怎么重新命名呢？首先进入一个项目，然后点击右上角的项目信息。

Step3： 在弹出的界面中，定位光标，就可以修改名称了。

Step4： 检查无误后，点击右上角的确认键保存。

美美 这么简单吗？

聪聪 是的，你都学会了吗？恭喜你成为一名合格的"萌宠王国"训练官！好好整理你的作品，将来可以教给更多的朋友哦。

我喜欢游戏！

美美 哇，谢谢哥哥！太好玩了！

聪聪 好，那么接下来，我们就开始做几个完整的小游戏吧！

找茬小游戏

聪聪 学了这么多技能，我们现在来玩一个小游戏吧。

美美 好呀。

聪聪 这里有3组小程序，你能找出每组中A、B两行积木组之间的不同之处吗？试着跟你的爸爸妈妈说一说，然后在ScratchJr里分别做一做，验证一下吧！

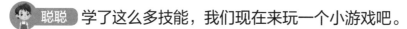

第1组：

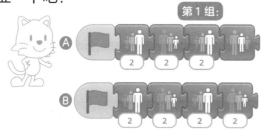

答案：
A和B执行的最终效果一样。但是，A最后用重设大小指令还原角色。B是通过放大缩小同样的参数和次数，从而实现角色大小还原效果的。

第2组：

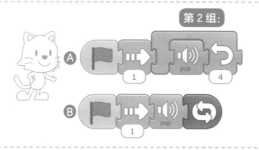

答案：
A执行的效果是，向右移动1步后，重复发出"啵"的声音4次。B执行的效果是，向右移动1步，然后发出"啵"的声音1次，让这组程序不停地循环执行。

第3组：

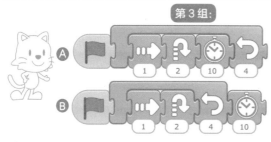

答案：
A执行的效果是，向右移动1格，跳跃1次，高度为2，然后暂停10，让这组动作重复4次。B执行的效果是，向右移动1格，跳跃1次，高度为2让这组动作重复4次后暂停10。

聪聪 你都找对了吗？你在制作动画效果的时候，也要区分这些小细节哦！

第三章
开启创造之旅

恭喜你，金牌训练官！相信你在与萌宠们相处的美妙时光中，已经不断地提升了自己的思维能力，学会了更有序地思考问题，更高效地解决问题。我也知道，为了帮助萌宠们快快成长，你一定让自己认识了更多的字，学习了更多的算术知识，使自己变得更优秀了，对吗？

宝贝们，让我们整装待发，带着这满满的技能，再次跟Cat一起，开启我们的创造之旅。希望在这趟旅行中，你能动手、动脑，展开想象，学会独立思考，能学着在头脑中为一个完整作品搭建框架，并尝试选择已经学过的技能，用最合适的、最简单的程序组，一点一点地完成项目作品的总程序，一起打造属于自己的奇幻世界！

宝贝们，让我们向着未来，出发！

游戏项目1：
一箭双雕

"北周武将长孙晟，善于射箭，又智谋超人。一次，突厥国王摄图看见两只大雕在空中争夺一块肉，便交给长孙晟两支箭，请他将雕射下来。长孙晟跨马前奔，拉开弓，只听嗖的一声，一箭竟穿过两只大雕的胸脯。雕顿时双双落下，令人赞叹不已。"

现在，请各位训练官们运用学过的ScratchJr技能，模拟一箭双雕的过程吧！

首先，清理舞台——删除角色Cat。

按住角色直到出现删除按钮，点击删除

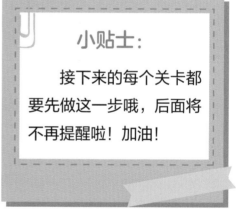

第1个任务：
添加背景和角色

小贴士：

接下来的每个关卡都要先做这一步哦，后面将不再提醒啦！加油！

☁ 添加背景

打猎的场地，建议大家选择空旷的草原。

1.点击背景按钮

3.点击确认按钮

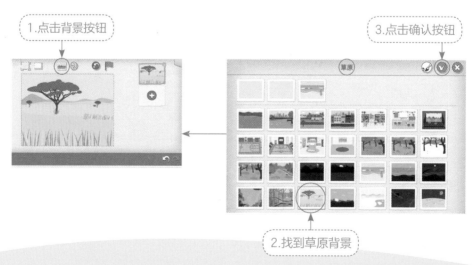

2.找到草原背景

☁ **添加角色**

射日需要一张弓、一支箭，还得有天上的2只雕。

Step1: 弓和箭素材库里没有，我们需要自己绘制。

●角色——弓

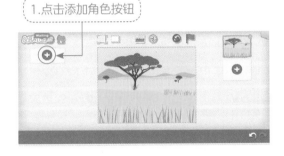

> 1.点击添加角色按钮

> 2.点击绘制按钮

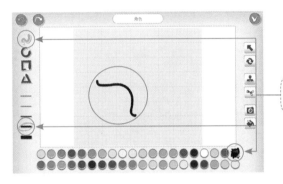

> 3.选曲线工具、较粗线条、黑色，画出弓臂

> 5.不要忘记给角色命名——弓，画完要点击确认按钮哦

> 4.选曲线工具、中等粗细线条、黄色画出弓弦。拉一条直线，两端小弯折有助于固定弓弦

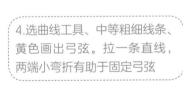

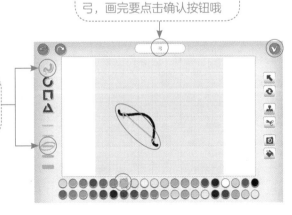

●角色——箭

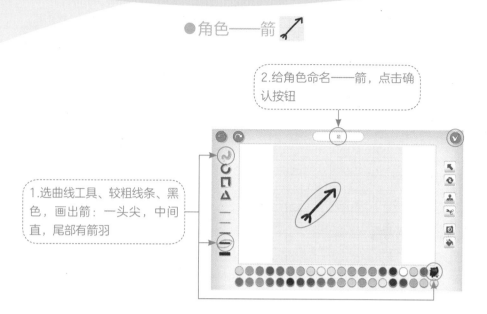

2.给角色命名——箭，点击确认按钮

1.选曲线工具、较粗线条、黑色，画出箭：一头尖，中间直，尾部有箭羽

Step2： 雕可以在素材库里直接选择"鸟"来代替。

1.点击添加角色按钮

2.找到角色鸟

聪聪 注意，一箭"双"雕，我们需要添加2只鸟，如果你希望每只鸟都不一样，我们可以试着修改它的颜色哦！

1.选中鸟，点击画笔按钮

我也想换个颜色！

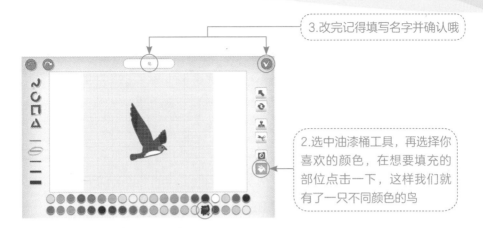

3.改完记得填写名字并确认哦

2.选中油漆桶工具，再选择你喜欢的颜色，在想要填充的部位点击一下，这样我们就有了一只不同颜色的鸟

Step3： 首先，我们要把弓和箭搭配好，拖放到舞台左下角；其次，两只鸟在舞台中间偏右的位置，根据自己的喜好调整前后顺序，像图中那样排排队哦！

可以根据需要，将4个角色分别调整到合适的位置

聪聪 准备工作都完成了，我们开始模拟一箭双雕的动画效果吧！

☁ 思考整个动画的制作思路

Step1： 点击弓箭后，弓箭向上射出，到达一定高度，先旋转，再向前继续射出到一定位置停（或回到初始位置）。绿色表示动态路径。

Step2： 两只鸟被弓箭碰到后，向下掉落，到达一定位置后消失。紫色表示动态路径。

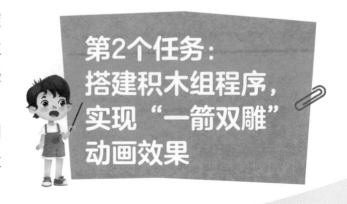

第2个任务：搭建积木组程序，实现"一箭双雕"动画效果

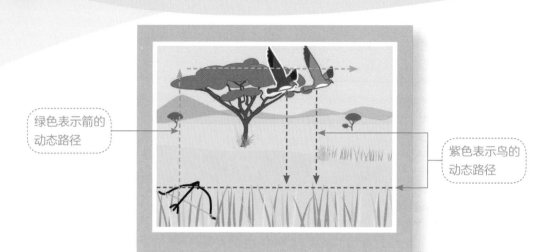

绿色表示箭的
动态路径

紫色表示鸟的
动态路径

根据思路编写积木组脚本

● 角色——箭

点击　向上　旋转　向前　回家

美美 每个积木的参数该怎么设置呢？

聪聪 还记得技能训练14的网格吗？

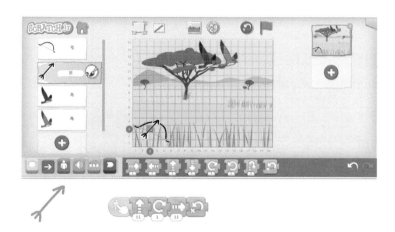

快打开网格地图，算一下适合你作品的参数值吧！（注意：一定不要选错角色哦！）

● 角色——鸟

被碰到　向下　消失

同样，鸟下落的参数可以借助网格地图来设置

美美 角色太多，不知道自己选中的是哪个角色？

聪聪 仔细瞧，舞台上那个有一圈白光的就是当前选中的角色哦！

美美 两只鸟都要被弓箭射落下来，一只已经做好了，同样的脚本还要再做一次，好麻烦啊！

聪聪 训练师们，还记得技能训练20里讲的复制脚本吗？

点住已完成的积木组程序，往另一只鸟的角色上一拖放，完成

聪聪 完成了吗？

第3个任务：给项目加标题、命名并演示、保存

我可以一次吃两根骨头！

3.演示效果

2.给项目命名

4.保存项目

1.加标题

一箭双雕

聪聪 完成了吗？恭喜大家顺利通过第一关！为让大家尽快适应PK赛，一些学过的操作技能也给大家呈现了，那从下一关起，就要靠你们自己熟练掌握哦，加油！

▶ 视频学习 ◀

扫描二维码，
看视频学习游戏
全过程。

游戏项目2：
制作小闹钟

我们来猜个谜语吧："小小两根针，滴答滴答滴，走路转圈圈，教你惜时间！"知道这是什么吗？对了，答案就是"小闹钟"！这么可爱的小闹钟，你想不想自己做一个呢？一起来试试吧！

第1个任务：
添加背景和角色

☁ 添加背景

Step1： 为突出主角"小闹钟"，我们这次选用一个自己绘制的纯色背景吧。

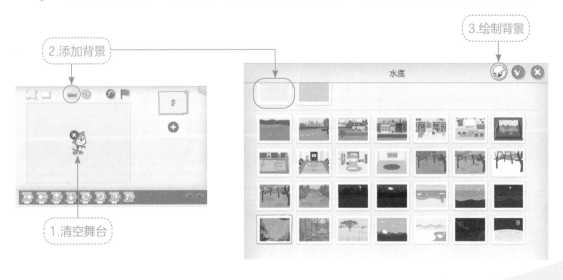

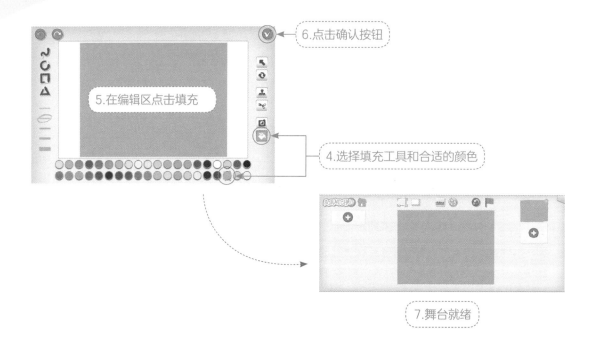

6.点击确认按钮

5.在编辑区点击填充

4.选择填充工具和合适的颜色

7.舞台就绪

Step2： 接下来我们开始制作小闹钟，那它是由哪
几部分组成的呢？

聪聪　仔细瞧，它有一个圆圆的表盘，上面有
1~12个数，一根短粗的分针，一根较细长的分
针，其实有的闹钟还有一根比分针还要细长的
秒针，这次就先不多做介绍了。那我们来分别
绘制吧！

●角色——带数字的表盘

2.选择绘制按钮

1.添加角色

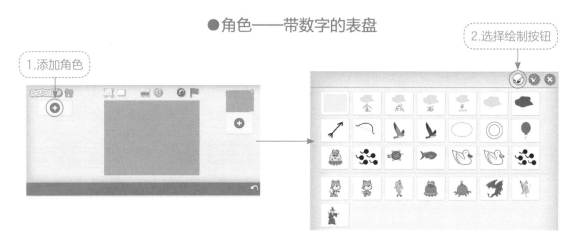

3.选圆形、合适的线宽和颜色，在编辑区绘制一个大大的圆表盘

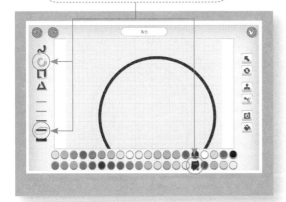

4.如果不小心画出了舞台，可以借助移动工具，点住圆形的边缘调整它在编辑区的位置，注意要放置在中心哦

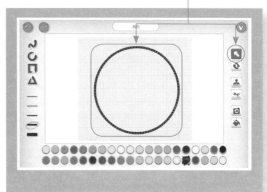

5.选曲线工具、合适的线宽和颜色，在表盘内填写1～12。为了能更精准地操作，建议大家用"双指放大"的方法，将表盘放大书写

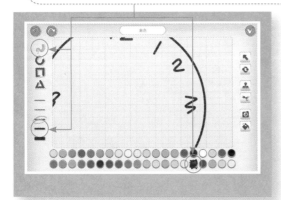

细节提示

　　表盘上12个数的排列是有规律的：12个数之间的间隔相等，所以360°是一圈，那12个数之间平均就相隔了360/12=30°。建议先把12、6、3、9这四个数的位置定好哦。

6.为了让指针有定位点，我们给表盘画个中心吧！同样选圆形、合适的线宽和颜色，画一个小圆心

7.选填充工具给小圆心填色，最后记得给角色命名并确认哦

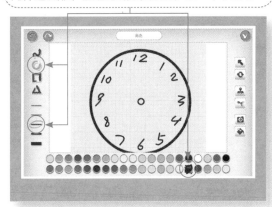

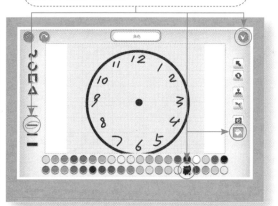

●角色——分针、时针（分别绘制）

1.添加角色

2.选择绘制按钮

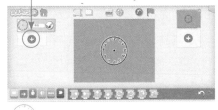

3.选择曲线工具，选择合适的线宽和颜色，在编辑区绘制吧

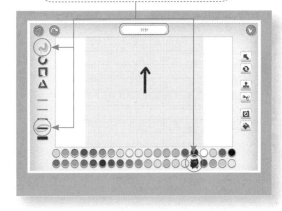

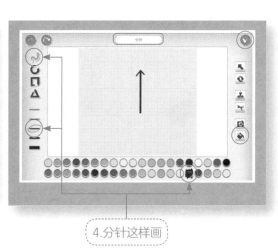

4.分针这样画

聪聪　画完别忘记给角色起名字并确认哦！

●角色——启动按钮（绘制）

美美 我们再来设计一个开启时间的按钮。

1.再添加一个角色

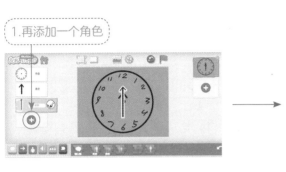

2.选择绘制按钮

3.选择矩形、合适的线宽、颜色，在编辑区画一个长方形

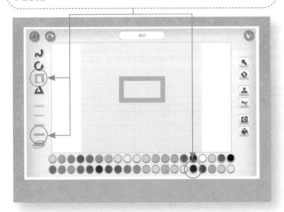

4.用两指向外滑动，放大它，便于在里面写字

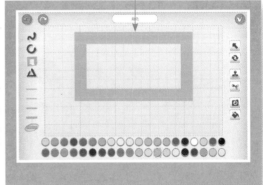

5.选择曲线、合适的线宽和颜色，在框内写上"GO！"

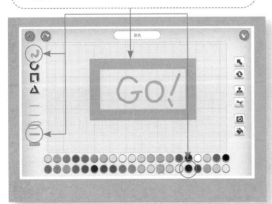

6.选择填充工具和颜色，给长方形内部填色。记得给角色命名并确认

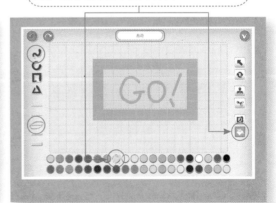

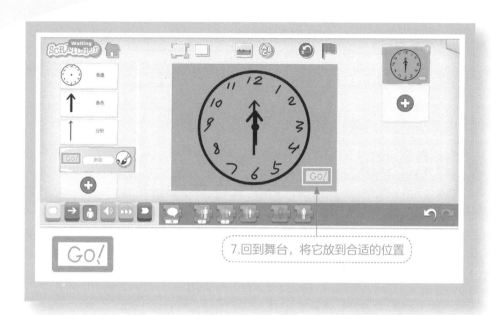

7.回到舞台，将它放到合适的位置

聪聪 角色都安排好了，看看你的小闹钟上指针都是怎么跑的？我们来试着用程序模拟下吧！

第2个任务：
角色摆一摆，
程序做一做

美美 你的舞台现在是这样吗？

美美 知道如何变成这样吗？

细节提示

时针和分针都要以小圆心为中点摆放哦！（左右一样长）。

聪聪 对，就是借助"放大"积木。

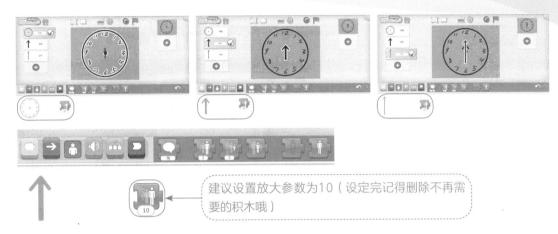

建议设置放大参数为10（设定完记得删除不再需要的积木哦）

聪聪 角色摆放好了，我们开始模拟时间的运转吧！

细节提示

　　首先我们要来学习一下有关分针和时针的计算关系：分针代表的是分钟，分针转一圈是60分钟，时针代表的是小时，而60分钟等于1小时，也就是说，我们应该让分针转一圈后，时针走一大格。每两个数字之间相差5小格（一大格）。

　　同样，你还记得吗？在ScratchJr里，旋转一圈的参数是12，那60分钟除以12等于5。也就是说，在ScratchJr里，我们可以让分针走5圈后，时针走一个大格。

　　所以我们在ScratchJr中为了模拟出分针转5圈，时针转一大格的效果，可以这么设计：

Step1：点击启动按钮，发出消息给分针。

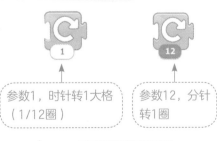

参数1，时针转1大格（1/12圈）　　参数12，分针转1圈

Step2：分针接到启动消息后开始转圈，转5圈后，发送消息给时针。

Step3：时针接到分针走完5圈的消息后，走一格。

Step4：时针走完一整圈是12格，每接到一次消息就走1格，所以要接12次消息。因此，分针需要同样的程序运行12次，像这样：

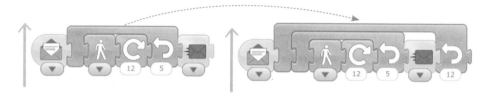

　　是不是有些听晕了？没关系，你可以照着参考图做一做，慢慢理解，毕竟认识钟表是一件很重要的事情，它让我们了解时间流逝的关系，让我们更加珍惜时间！相信你没问题的，加油！

我也能转！

 聪聪　最后，依然不要忘记给项目命名保存哦～

2.点击确认按钮

1.给项目命名

▶ 视频学习 ◀

扫描二维码，
看这个项目的操作
视频。

游戏项目3：
妙笔生花

传说有个孩子叫马良，他有一支神奇的画笔，画的东西都能活起来！今天训练官Cat帮我们借到了这支神笔，它想请我们在月球上画一棵树，并让这棵大树开出美丽的花朵，你能帮它实现这个愿望吗？我们一起来试试吧！

第1个任务：
添加背景和角色

☁ **添加背景**

Step1：找到"月球"的背景。

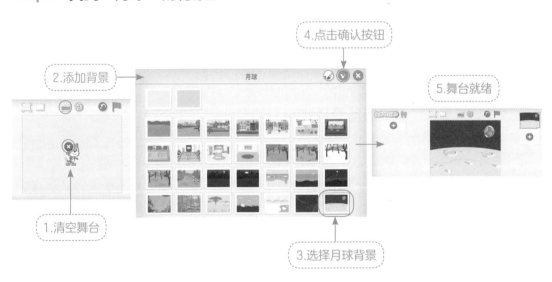

4.点击确认按钮

2.添加背景

月球

5.舞台就绪

1.清空舞台

3.选择月球背景

美美 大家的操作是不是越来越熟练了呢？现在我们还需要添加角色：一棵大树，一支神笔，还有好美丽的花朵呢！

☁ 添加角色

大树（素材库里有）、神笔（自己绘制）、花朵（自己绘制）。

Step1：快从素材库里挑选大树吧。

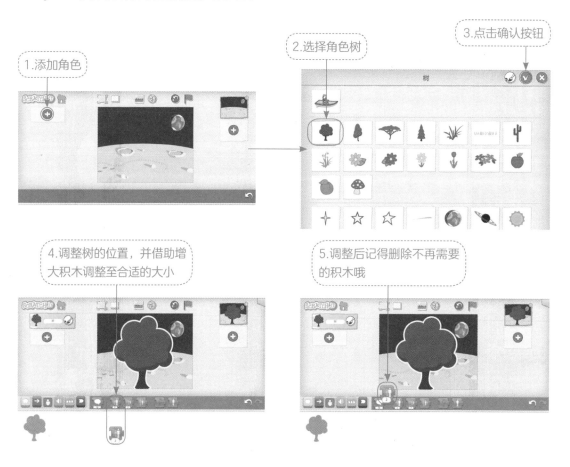

Step2：动动小手，自己来绘制神笔吧。

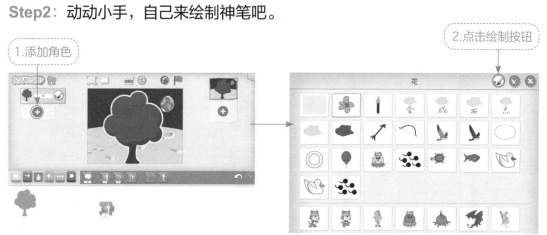

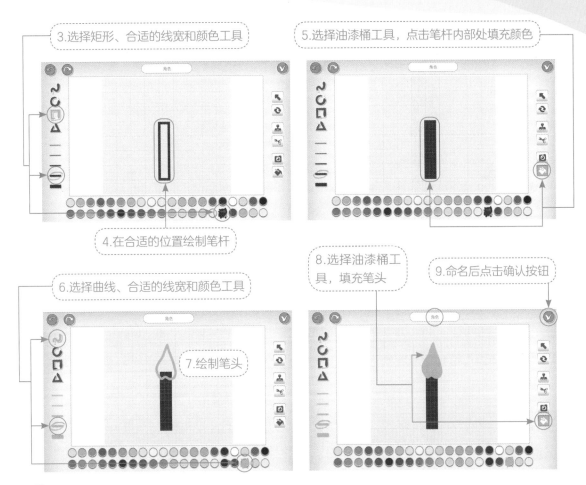

3.选择矩形、合适的线宽和颜色工具

5.选择油漆桶工具，点击笔杆内部处填充颜色

4.在合适的位置绘制笔杆

6.选择曲线、合适的线宽和颜色工具

7.绘制笔头

8.选择油漆桶工具，填充笔头

9.命名后点击确认按钮

聪聪 回到舞台，借助缩放指令，将笔的大小调整好后，移动到合适的位置吧！

Step3：我们还需要一些花朵的角色，绘制方法也很简单。

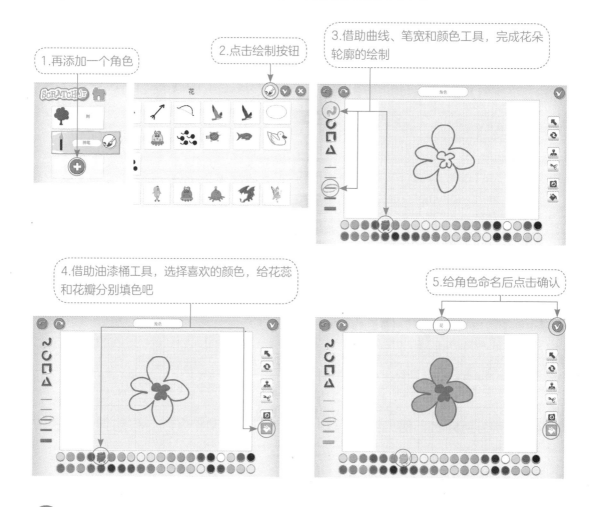

1.再添加一个角色

2.点击绘制按钮

3.借助曲线、笔宽和颜色工具，完成花朵轮廓的绘制

4.借助油漆桶工具，选择喜欢的颜色，给花蕊和花瓣分别填色吧

5.给角色命名后点击确认

美美　一朵花完成了，其他的就可以通过修改颜色来完成绘制哦！

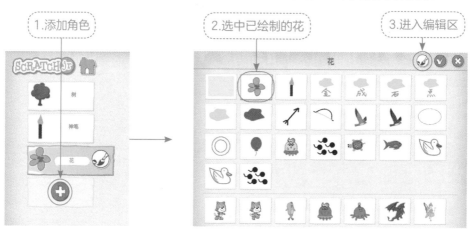

1.添加角色

2.选中已绘制的花

3.进入编辑区

4.用油漆桶工具，选合适的颜色美化你的花朵吧

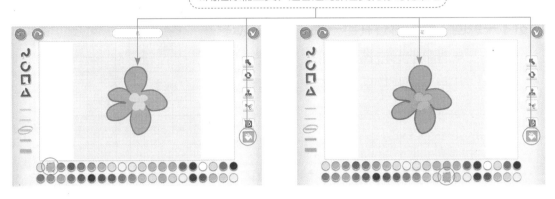

聪聪 花朵角色都搞定了吗？快到舞台上来调整它们的位置和大小吧！这样的布局安排，你喜欢吗？

5.选择曲线工具，还可以改变花朵轮廓的颜色

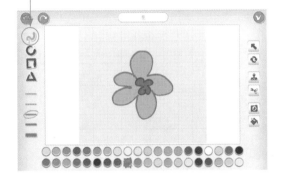

第2个任务：
搭建积木组程序，
让"妙笔生花"

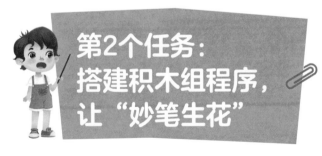

整个动画的制作思路如下。

第一步：程序启动后，花朵全部隐藏起来。

第二步：神笔开始按照如下路线行动。

右上、发消息给此位置的花朵，

上左、发消息给此位置的花朵，

上右、发消息给此位置的花朵，

下右、发消息给此位置的花朵，

左下、发消息给此位置的花朵。

而花朵们接收到消息后就会一一显现出

来，产生"妙笔生花的效果"。

聪聪　按照这一思路，第一步的程序搭建其实

很简单，就是给每个花朵角色加上这组指令。

美美　那第二步该怎么做呢？

聪聪　神笔角色按方向移动并发消息的指令，相信难不倒大家，只是，每

次我们该移动几步才能让神笔准确走到每个花朵的位置呢？看来又需要网

格来帮忙了！

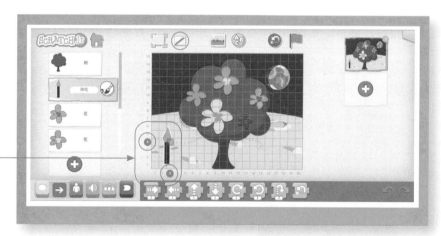

这是神笔的起
始位置

美美　按照设计的路线，它要先移动
到黄花的位置。

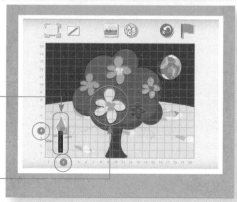

1.神笔要先向右移动6格，再向上移动3
格，然后发送第一个消息

2.相应地，黄花应该在接收到消息后显示
出来

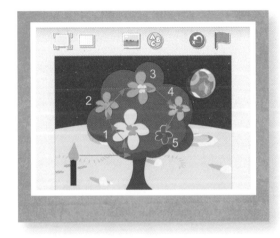

按照这个思路，接下来神笔该走到2号蓝色花的位置了，也就是从1走到了2：

3.先向上移动3格，再向左移动3格，然后发送第二个消息

4.蓝花此刻接收到蓝色消息后显示出来

以此类推，我们可以根据自己设计的路线，依次选中角色，查看定位点坐标，从而计算移动的步数并准确收发信息，就能实现动画效果啦，参考脚本：

 聪聪 怎么样？都完成了吗？是不是很神奇呢？

聪聪 看大家完成得这么棒，Cat训练官又提供了两组指令，赶快跟刚刚的对比下，看看有什么不同？自己做一做，试试有什么不一样的效果吧！

 我的神笔会回家哦！

我的花朵会转圈呢！

聪聪 最后，不要忘记给项目命名保存哦！

▶ 视频学习 ◀
扫描二维码，
看这个项目的操作
视频。

游戏项目4：捉迷藏

聪聪 两个经典故事完成啦，我们现在来做一个轻松的小游戏吧！

美美 太好啦！

聪聪 我们先看看游戏规则。

1 点击绿旗开始，小猫说："猜猜我在哪儿？"然后消失隐藏起来

2 当3棵树出现后，说："嗨，点我试试！"然后字幕消失

3 当你点击其中一棵树，如果没有小猫，树先消失，说："不在这里哦！"

4 如果点击的树木后藏有小猫，树消失，小猫出现说："真棒，找到了！"

 美美 太有趣啦！

聪聪 准备好了吗？快来挑战吧！

第1个任务：
添加背景和角色

添加背景

公园的背景在素材库中有哦，你可以对其中的元素进行修改和剪切，达到理想效果。

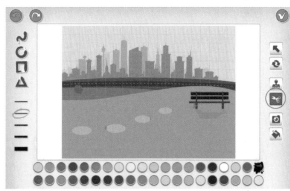

美美 咦？为什么不在背景里加3棵树呢？

聪聪 因为在游戏中，我们需要让大树"说话"和"消失"，所以它们不能算作背景，需要把它们当成角色来对待哦。

☁ 添加角色

聪聪 现在你知道我们需要添加几个角色了吗?

美美 4个，1只小猫，3棵大树。

聪聪 没错。小猫角色就是我们软件自带的小猫Cat。3棵大树在素材库中也有相关的角色，你可以根据你的喜好对它们进行调整。

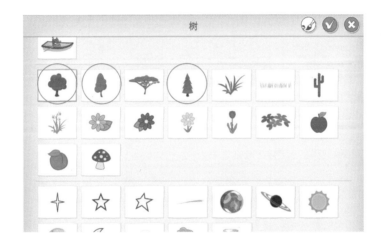

美美 好啦，我做好了一个。我还在舞台上添加了"捉迷藏"的字幕呢!

第2个任务：
搭建积木组程序，实现动画效果

 想一想怎么做

 聪聪 我列了一个思路表格，你看看对不对？

游戏环节	角色	程序设计思路	注意事项
1.点击绿旗开始，小猫说："猜猜我在哪儿？"然后消失隐藏起来		点击绿旗→字幕出现→小猫消失→小猫快速移到某棵树后	如果先移动再消失，玩家就会发现小猫藏到哪棵树后面了，所以要先让小猫消失，再移动角色哦，顺序很重要
两个环节如何衔接		小猫发信给3棵树 ———┐	3棵树要接收同色信封哦
2.当3棵树出现后，说："嗨，点我试试！"		点击绿旗→3棵树消失 /3棵树分别收信→3棵树出现→字幕出现	一开始树没有出现，是因为点绿旗后它们先消失了，这就是它们的第1组程序。 而大树收到信以后出现，这是接下来的另1组程序。所以要注意，需要分别给3棵树编辑两组积木组程序哦
3.当你点击其中一棵树，如果没有小猫，树先消失，说："不在这里哦！"		点击树触发积木→被点击的树消失→给出结果是否找到了小猫→字幕出现	你也可以尝试先出字幕然后让树消失的效果
如何通知已经隐藏的小猫被找到了		找到小猫的树给小猫发信 ———┐	注意区分信封的颜色哦
4.如果点击的树木后藏有小猫，树消失。小猫出现后，说："真棒，找到了！"		小猫收到消息→小猫出现→打出字幕"真棒，找到了！"	注意树消失和小猫出现的节奏，要自然衔接好

开始编写积木脚本

● 在游戏环节1中

参数仅供参考，可借助网格模式，根据你的实际作品需要，填写参数。

对于小猫角色来说，参考以下积木组试试吧。

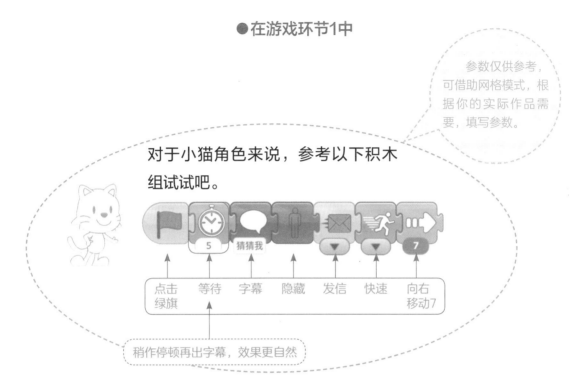

稍作停顿再出字幕，效果更自然

● 在游戏环节2中

对于第1棵大树角色而言，参考以下积木组试试吧。

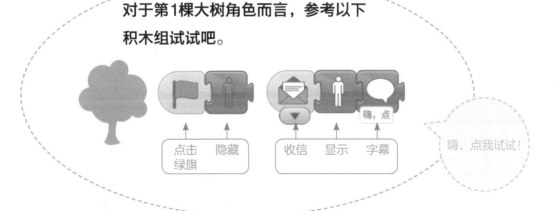

嗨，点我试试！

美美　咦？为什么它们是分开的两段，不是连在一起的呢？

聪聪　哈哈，你瞧，点击绿旗开始 🚩 和收到信息开始 📧 两个积木都是圆脑袋的，是用来启动程序组的积木，所以它们实际上是两组程序，表示同一个角色在不同的启动条件下，执行不同的动作，所以不能合并为一组积木哦！

美美　哦，我明白了。

聪聪　其他2棵树的积木组程序和第1棵树类似，你可以直接把第1棵树的积木组拖动复制过去哦。

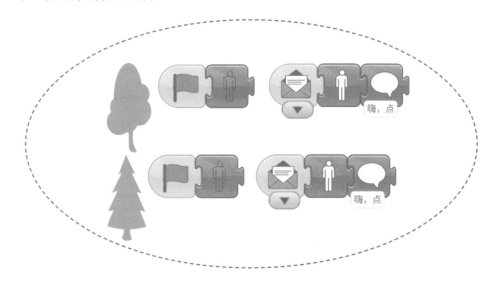

●在游戏环节3中

对于没有小猫躲藏的树而言，参考这个积木组。

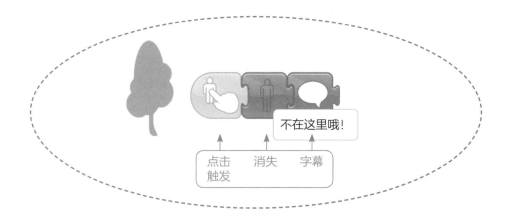

聪聪 你可以把这组积木复制给另一棵没有藏小猫的树。

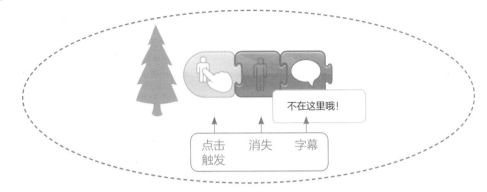

对于有小猫躲藏的树而言，参考以下积木组。

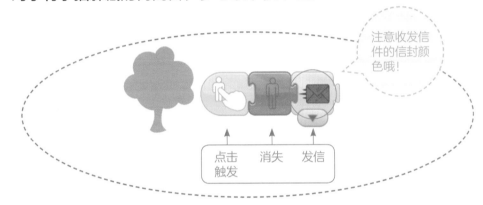

●在游戏环节4中

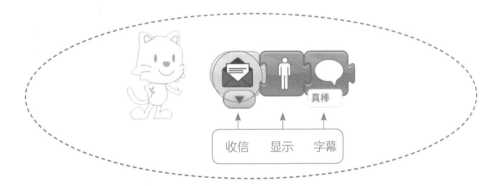

聪聪 4个环节的积木组程序都按照步骤完成了吗？

美美 完成啦！

聪聪 我们一起来检查下最终脚本吧！

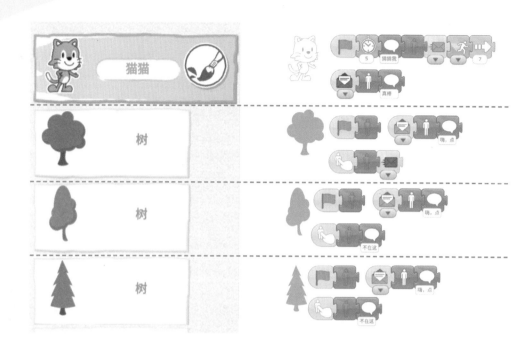

聪聪 最后，别忘了给你的作品命名、保存哦！

游戏项目5：
小蝌蚪找妈妈

池塘中的一群小蝌蚪没见过妈妈，它们到处游着问："请问，我们的妈妈长什么样子啊？"

鸭子说："你们的妈妈眼睛顶在头上，嘴巴大大的。"

它们游啊游，遇见一条鲤鱼，鲤鱼说："你们的妈妈有4条腿，宽嘴巴。"

小蝌蚪们继续游，看见一只乌龟，乌龟说："你们的妈妈披着绿衣裳。"

最后它们看到了荷叶上的青蛙，青蛙说："好孩子，我就是你们的妈妈。"

小蝌蚪们开心地喊："终于找到妈妈了！"

第1个任务：
添加背景和角色

☁ **添加背景**

聪聪 想一想，在这个故事中一共有几个角色呢？

美美 有鸭子、鲤鱼、乌龟、青蛙妈妈和小蝌蚪们。

聪聪 没错。这次的故事比上一个要复杂一些。我们假设小蝌蚪们遇到鸭子、鲤鱼、乌龟、青蛙妈妈这4个角色时处于不同的场景中，所以我们需要添加4个背景！

美美 那我从素材库里找这4个背景好啦！选择与水有关的海边白天、海边傍晚、海边黑夜、水底场景。

这4个背景在背景库的
这个位置，注意，4个
背景分别添加哦

聪聪　很好！每选一个背景都可以修改它们的颜色。你可以根据自己的喜
好，修改它们的颜色效果。你可以用这些绘图编辑工具 ✂ 🪣 来剪切、填
色。还可以用画笔重新画一些小元素上去哦，比如荷叶。

美美　好啦！我修改后的背景是这样的。

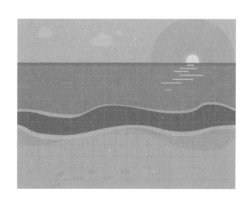

荷叶是用圆形工具 ○ 和
曲线工具 ∿ 完成的

☁ 添加角色

　　背景添加并调整好以后，我们怎么添加角色呢？小蝌蚪分别遇到了4个角色，也就是说，每个场景都有小蝌蚪和其中一个角色对话，所以我们需要给每个场景添加两个角色。鸭子、鲤鱼、青蛙在素材库中都有相关的角色形象，你可以根据你的想法对它们进行一些细节修改。而小蝌蚪、乌龟就需要用绘图工具自己画出来啦。这次，小蝌蚪们是集体行动的，所以一群小蝌蚪可以画在一起，当作一个角色，不需要每个小蝌蚪都单独设立一个角色哦。

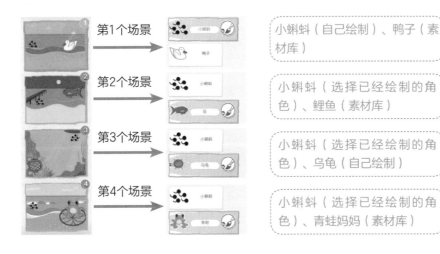

第1个场景 → 小蝌蚪、鸭子 ｜ 小蝌蚪（自己绘制）、鸭子（素材库）

第2个场景 → 小蝌蚪、鱼 ｜ 小蝌蚪（选择已经绘制的角色）、鲤鱼（素材库）

第3个场景 → 小蝌蚪、乌龟 ｜ 小蝌蚪（选择已经绘制的角色）、乌龟（自己绘制）

第4个场景 → 小蝌蚪、青蛙 ｜ 小蝌蚪（选择已经绘制的角色）、青蛙妈妈（素材库）

Step1： 使用圆形工具，选择中等粗细，颜色用黑色，画一个圆形。

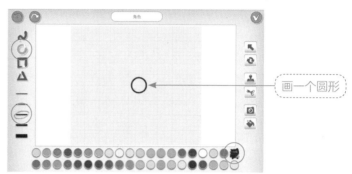

Step2： 使用填充工具，选择黑色，在圆圈内填充黑色。

Step3： 选择曲线工具，中等粗细的画笔，颜色用黑色，在圆圈后面画一个小尾巴。

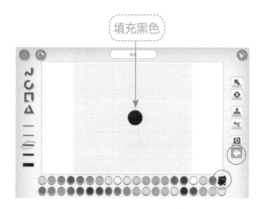

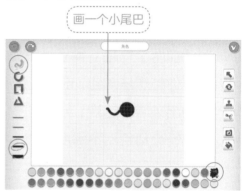

Step4： 把绘制好的一个蝌蚪进行复制粘贴，移动一下位置，把它们排列成一群蝌蚪的样子。

Step5： 最后把角色重命名为"小蝌蚪"，点击确认保存。

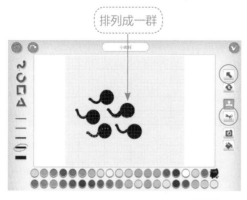

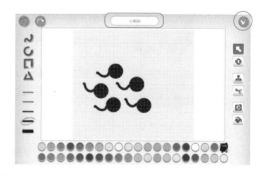

Step1： 使用圆形工具，选择粗画笔，分别用深绿、草绿、深绿颜色画3个大小不等的互相套在一起的圆形。可借助移动工具，调整3个圆形的位置哦！

绘制乌龟

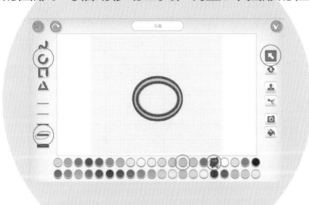

Step2： 使用填充工具，选择草绿色，把中间的圆形也填充成草绿色。

填充成草绿色

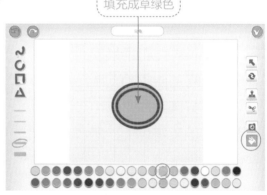

画一些交叉线条

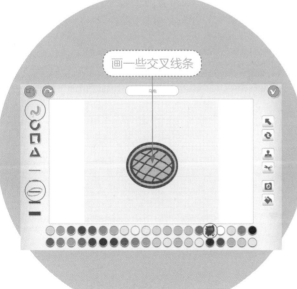

Step3： 使用曲线工具，选择中等粗细、深绿色，在中间的圆形中画一些交叉线条，画出乌龟的壳。

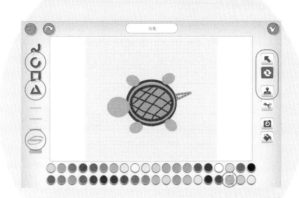

Step4：使用圆形和三角形工具，选择中等粗细，画出乌龟的四肢和头，再填充上肤色。你可以只画一只脚，剩下的3只脚使用复制、粘贴和移动工具就可以完成了。

Step5：使用圆形工具，选择中等粗细、黑色颜料给小乌龟画上两个小眼睛。眼睛的圆圈比较小，不太好画。你可以用两根手指把头的位置放大，然后再画它的眼睛哦。

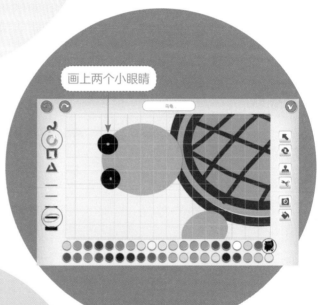

画上两个小眼睛

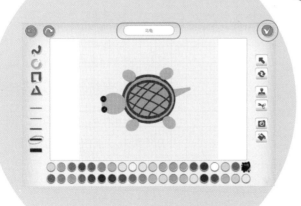

Step6：最后，重命名为"乌龟"，点击确认键保存。

第2个任务：
搭建积木组程序，实现动画效果

美美 哇！太棒了！现在我有小蝌蚪和乌龟了！

想一想怎么做

●对于角色小蝌蚪而言

当我们点击绿旗以后，小蝌蚪们应该从舞台左侧游动到舞台右侧，在鸭子面前停下。因为现实生活中小蝌蚪游动的轨迹不是直线，所以我们可以使用重复地向右、右转、向右、左转这一套动作来模拟小蝌蚪的游动轨迹。当小蝌蚪们来到鸭子面前时，说："请问，我们的妈妈长什么样子啊？"我们让小蝌蚪们发信给鸭子，鸭子收信以后回答它们。

●对于角色鸭子而言

在鸭子收到信后，可以丰富一下它的动作，让它先摇动一下，我们用左转一次、右转一次来模仿这个动作，随后，鸭子说："你们的妈妈眼睛顶在头上，嘴巴大大的。"然后，跳转到下一场景。

☁ 开始编写积木脚本

Step1： 对于角色小蝌蚪来说，可以参考以下积木组来进行编程。

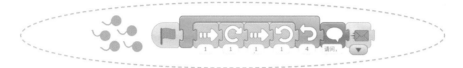

Step2： 对于角色鸭子来说，可以参考以下积木组来进行编程。

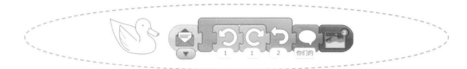

Step3： 根据上述制作方法，继续完成第2个、第3个、第4个场景的积木组搭建，方法基本一致。这里列出了积木组，你可以参考看看。对于鲤鱼来说，当鲤鱼收信以后，让鲤鱼前后游动，重复2次，随后说话，然后跳转到下一个场景。对于乌龟来说，当乌龟收信以后，上下游动，重复2次，随后说话，然后跳转到下一个场景。对于青蛙来说，当青蛙收信以后，跳跃2次，然后说话。这些动物的动作，你可以根据你的理解进行修改哦。

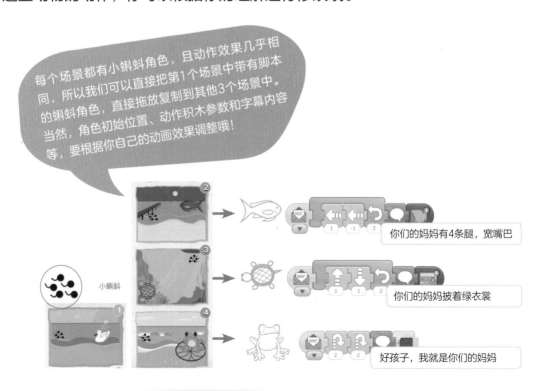

每个场景都有小蝌蚪角色，且动作效果几乎相同，所以我们可以直接把第1个场景中带有脚本的蝌蚪角色，直接拖放复制到其他3个场景中。当然，角色初始位置、动作积木参数和字幕内容等，要根据你自己的动画效果调整哦！

你们的妈妈有4条腿，宽嘴巴

你们的妈妈披着绿衣裳

好孩子，我就是你们的妈妈

美美 可是，为什么青蛙的积木组最后不是跳转到下一个场景，而是一个红色的信封呢？

聪聪 哈哈，那是因为，小蝌蚪们终于找到它们的妈妈了，妈妈告诉它们："好孩子，我就是你们的妈妈。"之后，小蝌蚪还要回答："终于找到妈妈了！"所以，我们要让小蝌蚪们"听到"青蛙的话以后，回复它哦。那么，我们就需要使用另一组信封来进行发信和收信，让它们完成这套动作。

美美 哦，原来如此。可是，我们怎么能让小蝌蚪和青蛙分清楚哪次收信说什么呢？

聪聪 你看，我们使用了不同颜色的信封。第1次，小蝌蚪们问话，青蛙答话时，使用的是橙色信封。第2次，青蛙问话，小蝌蚪们答话时，使用的是红色信封。它们对应不同的信封，就不会乱啦！

美美 既然在青蛙面前，小蝌蚪们要回答，那它的积木组是不是和前面几个都不太一样啊？

聪聪 对，在青蛙场景中，我们需要给小蝌蚪角色的积木组再加一组。也就是说，收到青蛙妈妈发出的信之后，小蝌蚪要执行下面这组积木组。

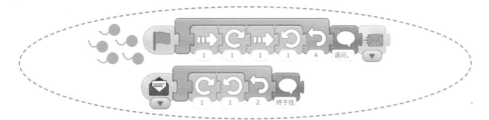

美美 完成了！来看看我的效果！我还在界面上加了文字呢！

▶ 视频学习 ◀

扫描二维码，
看视频学习游戏
全过程。

游戏项目6：
四季的变化

聪聪 一年中有四个季节，它们分别是春、夏、秋、冬，每个季节都有自己的特点，比如春天适合播种，使种子发芽生长；夏天太阳高照，到处鸟语花香；秋天是丰收的季节，到处都是金灿灿的；而到了冬天，大雪纷纷落下，到处一片雪白，多么神奇啊！今天，就让我们尝试用学到的ScratchJr技能来描绘出这一神奇的变化吧！

第1个任务：
添加"四季"背景

美美 一年有四个季节，根据每个季节的特点，我们可以尝试分别添加四个季节的背景，一起到素材库里找到"春天、夏天、秋天、冬天"四个背景吧！

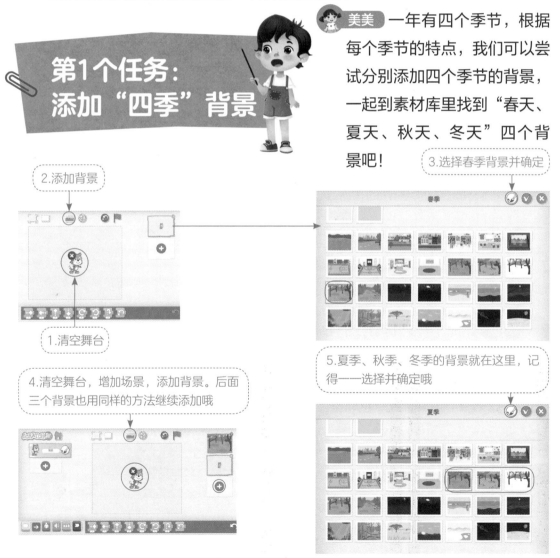

2.添加背景

1.清空舞台

3.选择春季背景并确定

4.清空舞台，增加场景，添加背景。后面三个背景也用同样的方法继续添加哦

5.夏季、秋季、冬季的背景就在这里，记得——选择并确定哦

聪聪 舞台准备就绪，对比一下，你也是这么排列的吗？

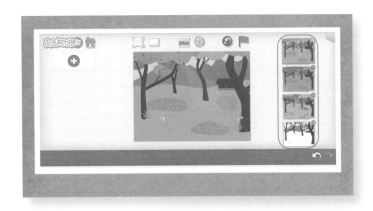

聪聪 我们设计一个种子发芽的过程，象征春天万物复苏，需要准备的角色是：种子（自己绘制）、发芽（自己绘制）、花朵（素材库）。

第2个任务：给"春天"添角色并制作相应的脚本

注意，一定要先选中春季的背景哦

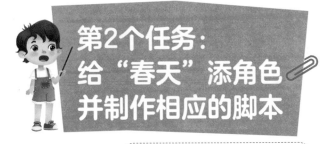

Step1：种子。绘制方法参考如下：

1.添加角色

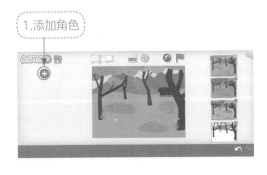

2.点绘制按钮进入绘制模式

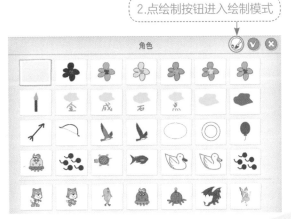

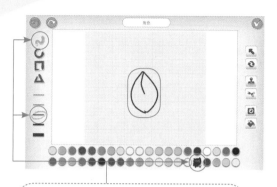

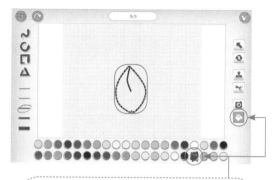

3.选择曲线工具、合适的笔宽和颜色，绘制种子轮廓

4.选择填充工具和合适的颜色后，点击种子空白处填色

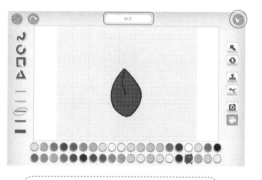

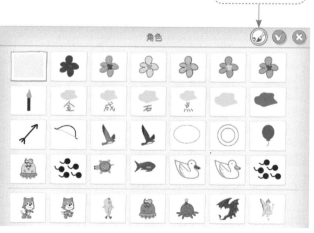

5.画完不要忘记给角色命名、确认哦

Step2: 发芽。绘制方法参考：

2.点击绘制按钮

1.再添加一个角色

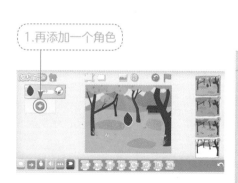

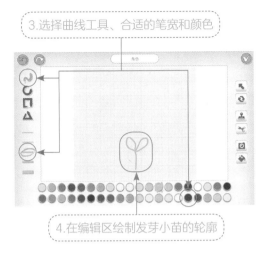

3.选择曲线工具、合适的笔宽和颜色

4.在编辑区绘制发芽小苗的轮廓

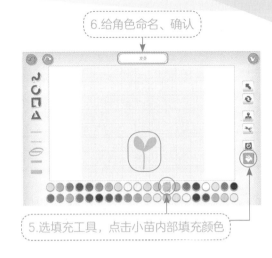

6.给角色命名、确认

5.选填充工具，点击小苗内部填充颜色

Step3： 花朵。素材库中选取：

1.添加第3个角色

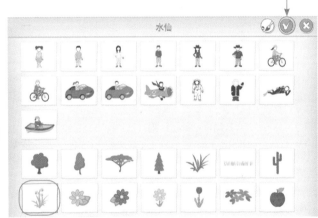

2.选择角色水仙并确认

聪聪 为了方便后面做动画效果，三个角色都导入后，请按照下图所示的位置摆放哦！

三个角色都像这样重叠在舞台中下方的位置摆好了，接下来请你猜猜看，我们要做什么样的动画效果呢？

动画效果设想：

1. 程序启动后，种子下落后隐藏（模拟播种效果），然后发出一个消息，与此同时，发芽和花朵都是在等待出场的（隐藏）；

2. 发芽先接到消息，出现，然后慢慢长大，随后消失，再发出一个消息；

3. 花朵接到此消息后，出现，慢慢变大。

聪聪 根据这一思路，我们可以设计每个角色的脚本如下：

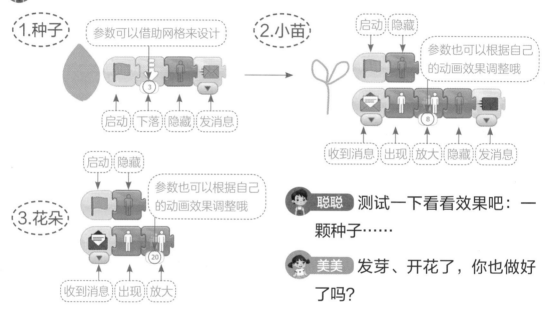

聪聪 测试一下看看效果吧：一颗种子……

美美 发芽、开花了，你也做好了吗？

聪聪 春天的动画已完成，夏天该到了！还记得如何切换场景吗？（参考技能22）对的，只需要在最后一个完成动作的角色脚本后加上"切换到夏天"就可以了，像这样：

聪聪 走，我们一起去夏天看看吧！

PS：记得选夏天的场景哦！

第3个任务：
给"夏天"添角色并制作相应的脚本

聪聪 为了打造一个阳光明媚、鸟语花香的夏天，我们可能需要这样一些角色：太阳、花朵、小鸟、蝴蝶，这些在素材库中都有，大家可以用之前的方法——导入，并安排它们在舞台中的位置，方法如下：

● 角色——太阳（素材库）

3.用同样的方法，选择角色小鸟、蝴蝶以及各种花

聪聪 如果觉得素材库里的花朵不够丰富，我们也可以通过修改颜色等方法，创造出更多花朵的角色哦，就像这样：

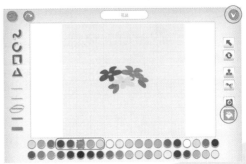

美美 你的夏天布置好了吗？瞧，Cat的夏天是这样的呢！

赶快展开想象，让你的夏天鲜活起来吧！

动画效果设想

1.太阳 美美 我想设计一个不停转动的太阳！就像这样：

我要去花丛中打个滚。

这个参数可以让太阳转一整圈哦

旋转　无限循环

2.花朵 美美 我想在程序启动后，让花朵放大，是生长的样子，就像这样：

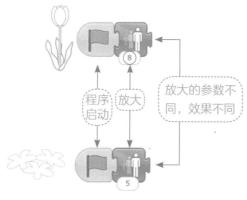

程序启动　放大

放大的参数不同，效果不同

不需要每朵花都设计脚本，通过复制脚本，简单修改参数就可以了

可以借助网格设计自己喜欢的参数哦

3.小鸟 美美 我想让小鸟左右不停地飞来飞去，应该这么编：

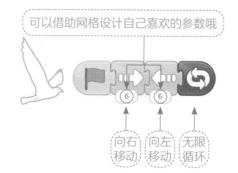

向右移动　向左移动　无限循环

4.蝴蝶

美美 蝴蝶作为最后的动作执行者，我想让它不停地上下移动着向右前进，并在抵达舞台右侧后，跳转到下一场景——秋天。

聪聪 蝴蝶上下移动并前行，是一组并行程序哦（回想一下技能16吧）。依然记得，参数可以借助网格来计算哦！

完成了吗？点击绿旗，激活你的夏天吧！

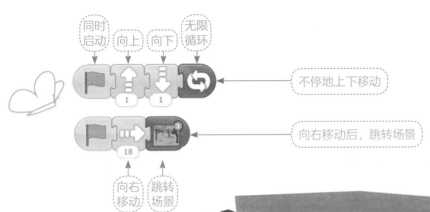

同时启动　向上　向下　无限循环 —— 不停地上下移动

向右移动　跳转场景 —— 向右移动后，跳转场景

美美 都说秋天是丰收的季节，那我想，一定满树都是我爱吃的苹果和桃子，瞧，它们一个一个地落下来啦！

第4个任务：给"秋天"添角色并制作相应的脚本

●角色：苹果、桃子（素材库）

聪聪 方法很简单，相信大家都很熟练了，这次我们加三个苹果和三个桃子吧！

2.分别选角色苹果、桃子并确认

1.添加角色

3.用同样的方法导入其他4个角色，将苹果、桃子像下面这样摆放好

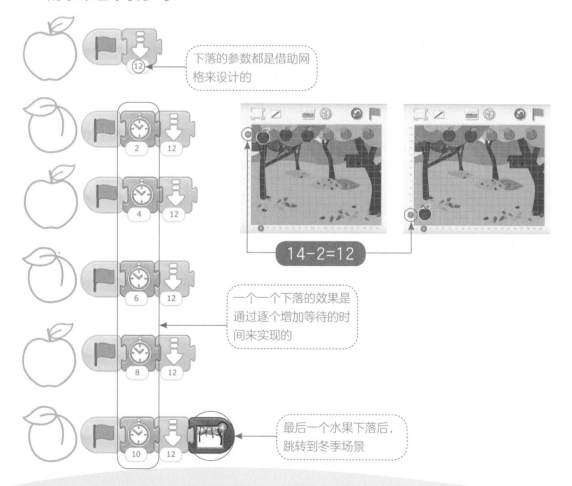

动画效果设想

美美 现在，我想让这些苹果和桃子，一个一个地落下来，落到最后一个的时候，就跳转到冬天的场景里，脚本就像下面这样。启动绿旗看看，你的水果也丰收了吗？

下落的参数都是借助网格来设计的

14-2=12

一个一个下落的效果是通过逐个增加等待的时间来实现的

最后一个水果下落后，跳转到冬季场景

第5个任务：
给"冬天"添角色并制作相应的脚本

美美 点击进入冬天的场景，让我们制作一片大雪花，看一看大雪纷飞的冬天吧！

●角色——雪花（绘制）

1.添加角色

2.选择绘制按钮

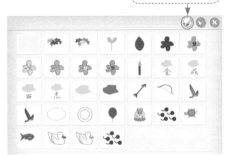

3.选曲线、合适的线条和颜色，在编辑区绘制雪花

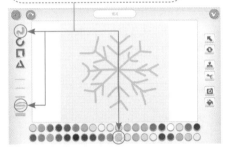

聪聪 送大家一个画雪花的小窍门：先画"十"字再打"×"，小小尖尖枝上挂。

聪聪 一片雪花怎么能够呢？我们多添加几片吧，记得哦，自己绘制过的角色，可以直接选择哦。

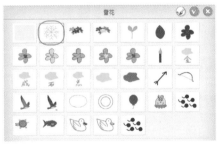

美美 足足加了6片，我们来制作大雪下落的效果吧！

动画效果设想

美美 虽然雪花都一样大小，但我们可以用指令来让它们"有大有小"，然后再间隔不同的时间，慢慢下落，记得冬天过去，春天就又回来哦！脚本参考如下：

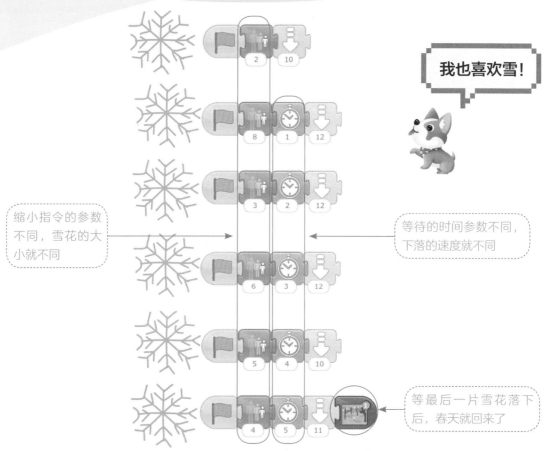

缩小指令的参数不同，雪花的大小就不同

我也喜欢雪！

等待的时间参数不同，下落的速度就不同

等最后一片雪花落下后，春天就回来了

聪聪 完成了四季，让我们给每个季节加上标题，运行看看效果吧！

聪聪 最后还是要提醒一下，记得给项目命名保存哦。

▶ 视频学习 ◀

扫描二维码，看这个项目的操作视频。

输入下方链接，免费获取游戏项目。
· 链接：https://pan.baidu.com/s/1xtFU5R7sxoX5H9QjzbBAAw
· 提取码：1218